中等职业教育改革发展示范学校建设项目成果教材

常见机床电气控制线路的安装与调试

主　编　黄立君
副主编　席　丹
参　编　曾庆娟　陈延峰

机 械 工 业 出 版 社

本书采用工作页的教学理念将常见机床电气控制线路的安装与调试的相关内容集于一身，便于教学的开展。

本书共有四个学习任务：CA6140 车床电气控制线路的安装与调试、Z3050 摇臂钻床电气控制线路的安装与调试、M7130 平面磨床电气控制线路的安装与调试、X62W 万能铣床电气控制线路的安装与调试，每个学习任务由若干个活动组成，具有清晰的工作过程。每个学习任务包含学习目标、知识准备、完成学习任务需要掌握的资讯、活动步骤，以及明确而具体的成果展示和评价标准。

本书可作为技工院校和职业院校数控技术应用、模具设计与制造、机电一体化等机电类专业的专业基础课教材。

图书在版编目（CIP）数据

常见机床电气控制线路的安装与调试/黄立君主编. —北京：机械工业出版社，2013.7（2024.3 重印）
ISBN 978-7-111-43111-4

Ⅰ.①常… Ⅱ.①黄… Ⅲ.①机床-电气控制-控制电路-安装②机床-电气控制-控制电路-调试方法 Ⅳ.①TG502.35

中国版本图书馆 CIP 数据核字（2013）第 146291 号

机械工业出版社（北京市百万庄大街 22 号 邮政编码 100037）
策划编辑：王佳玮 责任编辑：王佳玮
版式设计：常天培 责任校对：陈延翔
封面设计：路恩中 责任印制：李 昂
北京捷迅佳彩印刷有限公司印刷
2024 年 3 月第 1 版第 8 次印刷
184mm×260mm · 11.5 印张 · 282 千字
标准书号：ISBN 978-7-111-43111-4
定价：39.00 元

电话服务 网络服务
客服电话：010-88361066 机 工 官 网：www.cmpbook.com
010-88379833 机 工 官 博：weibo.com/cmp1952
010-68326294 金 书 网：www.golden-book.com
封底无防伪标均为盗版 机工教育服务网：www.cmpedu.com

前　言

随着经济、社会的不断发展，现代企业大量引进新的管理模式、生产方式和组织形式，这一变化趋势要求企业员工不仅要具备工作岗位所需的专业能力，还要求具备沟通、交流和团队合作等过程性能力，以及解决问题和自我管理的能力，能对新的、不可预见的工作情况做出独立的判断并给出应对措施。为了适应经济发展对技能型人才的要求，培养高素质的数控技术应用等机械类专业高技能人才，编者根据数控技术应用等机电类专业各岗位综合职业能力的要求编写了本套教材。

本书是编者按照工学结合人才培养模式的基本要求编写而成的，通过深入企业调研、认真分析数控技术应用等机电类专业各工作岗位的典型工作任务，以机电行业中的常见机床为载体，将企业典型工作任务转化为具有教育价值的学习任务。学习者在完成工作任务的过程中学习电气识图、制图、机械基础、电力拖动控制线路、电动机与变压器、电工仪表、电工工具的使用、照明线路、电工布线工艺等重要的专业基础知识和技能，培养综合职业能力。

本书共有四个学习任务：CA6140 车床电气控制线路的安装与调试、Z3050 摇臂钻床电气控制线路的安装与调试、M7130 平面磨床电气控制线路的安装与调试、X62W 万能铣床电气控制线路的安装与调试。每个学习任务由若干个学习活动组成，具有清晰的工作过程。每个学习任务包含学习目标、知识准备、完成学习任务需要掌握的资讯、活动步骤，以及明确而具体的成果展示和评价标准。由浅入深，从初学者的工具的使用技能、元器件的认识及选用、布线工艺等到独立调试检修机床的电气控制线路。本书尽可能以图片等简单浅显的方式进行生动的展示，使读者的认知更直观，引导问题紧扣工作过程，学习过程结合企业实践知识激发学生的学习兴趣。

本书由广州工贸技师学院黄立君担任主编，席丹担任副主编，曾庆娟、陈延峰参与了本书的编写。

本书在编写过程中参阅了国内外出版的有关教材和资料，在此对相关作者表示感谢。

由于编者水平有限，书中难免存在不足之处，敬请读者批评指正，并提出宝贵意见。

编　者

目　　录

学习任务一

CA6140车床电气控制线路的安装与调试

任务情境

我院机电工程系机加工学习工作站有10台CA6140车床，由于使用时间过久，电气控制部分严重老化，无法正常工作，在学生实习过程中经常发生电气故障，必须对这些机床的电气控制系统进行重新安装与调试。学院实训设备管理处忙于其他事务，故委派我院电气组负责此项任务，电气组李老师认为在他的带领下和我班同学们一起能够胜任此项任务，于是我班和李老师一起接下此任务，要在规定期限完成安装、调试，并交付验收。

李老师和我班同学们接到CA6140车床电气控制线路的安装任务书后，到现场勘察具体情况，查阅该车床的相关资料，制定CA6140车床电气控制线路的安装与调试方案，并与机电工程系机加工车间设备管理员沟通后，确定安装调试步骤，准备材料工具，按照规范，对CA6140车床电气控制线路进行重新安装、调试。调试正常后，报设备管理员验收，交付使用，清理现场，并填写验收报告。

学习内容

1. CA6140车床电气控制线路的安装与调试任务单。

2. CA6140车床的主要结构、运动形式和操作方法。

3. 各种常用低压元器件，能描述其结构、功能。

4. CA6140车床电气原理图，电气图中的各元器件符号，CA6140车床的工作原理。

5. 安装图、接线图，安装要求，工艺规范。

6. 工作计划的内容及材料清单的格式，检测元器件的方法，现场准备工作的内容。

7. 安装工艺要求、安全规范、设备施工要求，仪表、工具的使用方法，电动机的首尾端判断及连接方法。

8. 仪表检查电路安装的正确性的方法并通电试车的步骤。

9. 施工完毕能清理现场，填写工作记录并交付验收。

10. 工作总结的内容。

活动一　接任务单、获取信息

能力目标

1）识读 CA6140 车床电气控制线路的安装与调试任务单，明确任务单的内容。

2）参观 CA6140 车床，明确 CA6140 车床的主要结构、运动形式和操作方法，并对设备的操作规定有初步认识，养成良好的习惯。

3）参观 CA6140 车床的配电盘，认识各种常用低压元器件，能描述其结构、功能。

活动地点

普通机床学习工作站。

学习过程

你要掌握以下资讯与决策，才能顺利完成任务

接任务单，见表 1-1。

表 1-1　CA6140 车床电气控制线路的安装与调试任务单

单号:______ 开单部门:______ 开单人:______ 开单时间:______年____月____日____时____分 接单部门:______部____组______	
任务概述	我院机电工程系有 10 台 CA6140 车床，由于使用时间过于长久，在学生实习过程中经常发生电气故障，必须对该批机床的电气控制系统进行重新安装与调试
任务完成时间	要求自即日起 10 个工作日内完成任务并交付机电工程系机加工学习工作站使用
接单人	（签名） 年　　月　　日

想一想

1. 派发任务单后，根据任务情境描述，把任务单中的其余空白部分填写完整。

2. 通过读任务单，回答以下问题：

1）该任务完工时间是什么时间？

2）根据任务情境描述，完工后交给谁验收？

____

3）读完任务单后，还有哪些不明白的内容，请记录下来。

____

____

____

小提示

信息采集源：1）《CA6140 车床用户手册》《CA6140 车床操作手册》《机床电气控制电路安装》

2）http：//www. baidu. com

其他：______________________________

活动过程

一、安全教育

教师组织学生到企业或者本校实训基地参观 CA6140 车床（图 1-1），观察实际工作情况，明确 CA6140 车床的主要结构、运动形式和操作方法。

图 1-1　CA6140 车床

想一想

去企业参观 CA6140 车床时，你认为要注意的内容有哪些（请填写）？

1）服从安排方面：______________________________

____

____

2）穿戴方面：______________________________

____

____

3）观察、记录方面：______________________________

____

____

4）其他方面：______________________________

____

____

小提示

明确参观的任务：

1）记录设备操作安全规定指示牌的内容。

2）参观 CA6140 车床，观察其实际工作情况，明确 CA6140 车床的主要结构、运动形式和操作方法。

3）参观 CA6140 车床的配电盘，观察各种元器件及其安装位置和配线。

二、参观 CA6140 车床

穿戴好工作服、绝缘鞋，到现场后听从现场工作人员的安排，认真听取现场工作人员讲解参观时的安全注意事项，在现场工作人员的指引下进入设备现场参观，并做好相关记录。

想一想

1）在参观 CA6140 车床时，你看到过哪些与安全有关的制度、规定或指示牌？请记录下来。

____

____

____

____

2）分析 CA6140 车床主要结构（你认为正确的选项画“√”）。

车床是一种应用极为广泛的金属切削机床，能够________（A. 车削外圆 B. 车削内圆 C. 车削端面 D. 车削螺纹 E. 切断 F. 割槽）等，并可以装上________（A. 钻头 B. 铰刀）进行钻孔和铰孔等加工。

图 1-2 所示是 CA6140 卧式车床的外形及结构，结合参观的结果，填写下面的空白。

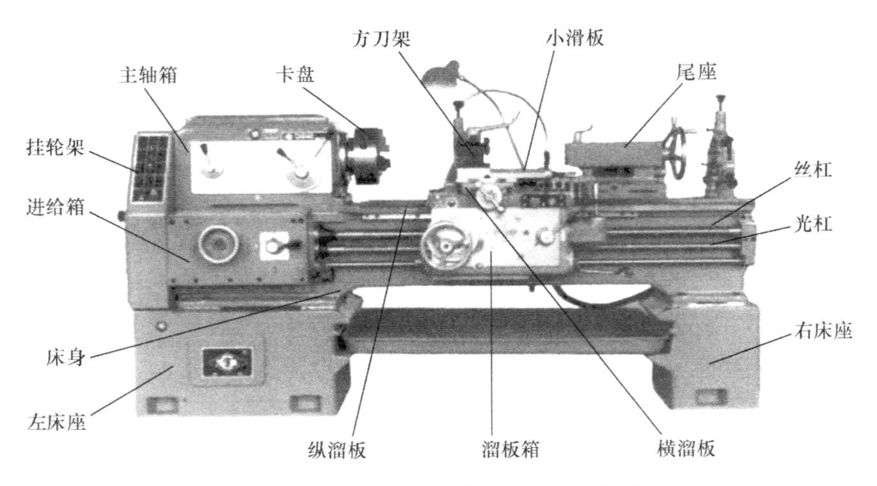

图 1-2 CA6140 卧式车床的外形及结构

CA6140 卧式车床主要由________、________、________、________、刀架、________、________、________和________等部分组成。

3）你参观的车床型号是什么？从该车床型号中你能得到哪些信息？查阅资料，你还能列举出哪些型号？

____

____

____

____

小提示

该车床型号意义如下：

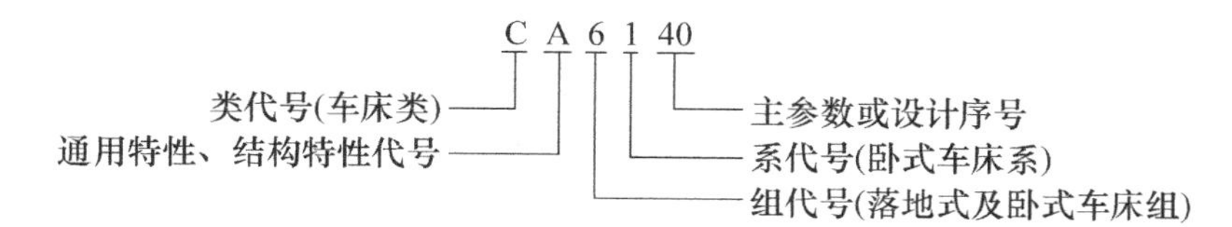

4）CA6140 车床的主要运动形式及控制要求见表 1-2。

表 1-2　CA6140 卧式车床的主要运动形式及控制要求

运动种类	运动形式	控制要求
主运动	主轴通过卡盘或顶尖带动工件的旋转运动	1）主轴电动机选用三相笼型异步电动机，不进行调速，主轴采用齿轮箱进行机械有级调速 2）车削螺纹时，要求主轴有正反转，一般由机械方法实现，主轴电动机只作单向旋转 3）主轴电动机的容量不大，可采用直接启动
进给运动	刀架带动刀具的直线运动	进给运动也由主轴电动机拖动，主轴电动机的动力通过挂轮箱传递给进给箱来实现刀具的纵向和横向进给。加工螺纹时，要求刀具的移动和主轴转动有固定的比例关系
辅助运动	刀架的快速移动	由刀架快速移动电动机拖动，该电动机可直接启动，也不需要正反转和调速
	尾座的纵向移动	由手动操作控制
	工件的夹紧与放松	由手动操作控制
	加工过程的冷却	冷却泵电动机和主轴电动机要实现顺序控制，冷却泵电动机不需要正反转和调速

想一想

1）记录 CA6140 车床进行切削加工时的操作步骤。

____

____

____

2）观察车床的主运动、进给运动及刀架的快速运动，各种运动是如何操纵的？

① 切削加工时，车床的主运动需要操作________，这时发现________（什么在动？什么方向？怎么动?）。

② 切削加工过程中，车床的进给运动需要操作________，这时发现________。

③ CA6140 车床的主轴变速是由主轴电动机经传动带传递到主轴变速箱来实现的，观察它的主轴正转速度有________种（10～1400r/min），反转速度有________种（14～1580r/min）。

3）观察冷却泵电动机的工作情况。车削加工时，刀具及工件温度过高，有时需要冷却。通过观察判断，冷却泵选择启动是在________（A. 主拖动电动机启动后　B. 随时可以启动，不需要主拖动电动机启动后）；当主拖动电动机停止时，冷却泵________（A. 应立即停止　B. 可以不停止）。

4）总结 CA6140 车床的电气控制要求如下：

① 主拖动电动机一般选用________电动机，并采用机械变速。

② 为车削螺纹，主轴要求正、反转，CA6140 车床则靠摩擦离合器来实现，电动机只作________（A. 单向　B. 正反转）旋转。

③ 主轴电动机的容量不大，均采用________（A. 直接　B. Y－△降压）启动。停车时为实现快速停车，一般采用机械制动或电气制动。

④ 车削加工时，需用切削液对刀具和工件进行冷却。为此，设有________（A. 一台　B. 两台）冷却泵电动机，拖动冷却泵输出冷却液。

⑤ 冷却泵电动机与主轴电动机________（A. 有　B. 无）联锁关系，即冷却泵电动机应在主轴电动机启动后才可选择启动与否，而当主轴电动机停止时，冷却泵电动机立即停止。

⑥ 为实现溜板箱的快速移动，由单独的快速移动电动机拖动，且采用________（A. 点动　B. 连续）控制。

⑦ 电路应有必要的保护环节，如________、________、失压保护等。

⑧ 安全可靠的照明电路和信号电路，如局部照明装置有________（A. 36V　B. 24V　C. 12V　D. 6V）。

5）参观 CA6140 车床的配电盘后，你观察到哪些元器件？查阅资料，完成知识拓展部分所列元器件的学习任务。

知识拓展

一、导线

想一想

1）如图 1-3 所示，你看见 CA6140 车床的配电盘里有哪种线（你认为正确的选项画“√”）？

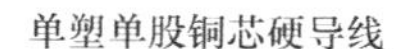

单塑单股铜芯硬导线　　单塑多股铜芯软导线　　护套线

图 1-3　各种塑料导线

2）你对绝缘导线的知识知道多少？请根据相关材料并借助网络或查找相关书籍，完成以下空白并回答问题。

① 通过线上的铭牌标示，填写以下空格：

BV 表示________________________________。

BLV 表示________________________________。

BX 表示________________________________。

BLX 表示________________________________。

② 绝缘导线常用截面积有哪些？

____

____

小提示

绝缘导线是指导体外表有绝缘层的导线。绝缘层的主要作用是隔离带电体或不同电位的导体，使电流按指定的方向流动。

根据其作用，绝缘导线可分为电气装备用绝缘导线和电磁线两大类。

电气装备用绝缘导线包括将电能直接传输到各种用电设备、电器的电源连接线，各种电气设备内部的装接线，以及各种电气设备的控制、信号、继电保护和仪表用电线。

电气装备用绝缘导线的线芯多由铜、铝制成，可采用单股或多股。它的绝缘层可采用橡胶、塑料、棉纱和纤维等。绝缘导线分塑料和橡胶绝缘导线两种。常用的绝缘导线符号有：BV——铜芯塑料线，BLV——铝芯塑料线，BX——铜芯橡胶线，BLX——铝芯橡胶线。绝缘导线常用截面积有 $0.5mm^2$、$1mm^2$、$1.5mm^2$、$2.5mm^2$、$4mm^2$、$6mm^2$、$10mm^2$、$16mm^2$、$25mm^2$、$35mm^2$、$50mm^2$、$70mm^2$、$95mm^2$、$120mm^2$、$150mm^2$、$185mm^2$、$240mm^2$、$300mm^2$、$400mm^2$。

1. 塑料线

塑料线的绝缘层为聚氯乙烯材料，也称聚氯乙烯绝缘导线。按线芯材料可分成塑料铜线和塑料铝线。塑料铜线与塑料铝线相比较，其突出特点是：在相同规格条件下，载流量大，机械强度好，但价格相对昂贵。塑料铜线主要用于低压开关柜、电器设备内部配线及室内、户外照明和动力配线，用于室内、户外配线时，必须配相应的穿线管。

塑料铜线按线芯根数可分成塑料硬线和塑料软线。塑料硬线有单芯和多芯之分，单芯规格一般为 1 ~ 6mm²，多芯规格一般为 10 ~ 185mm²，如图 1-4 所示。塑料软线为多芯，其规格一般为 0.1 ~ 95mm²，如图 1-4b 所示。这类电线柔软，可多次弯曲，外径小而质量轻，在家用电器和照明中应用极为广泛，在各种交直流的移动式电器、电工仪表及自动装置中也适用，常用的有 RV 型聚氯乙烯绝缘单芯软线。塑料铜线的绝缘电压一般为 500V。塑料铝线全为硬线，亦有单芯和多芯之分，其规格一般为 1.5 ~ 185mm²，绝缘电压为 500V。

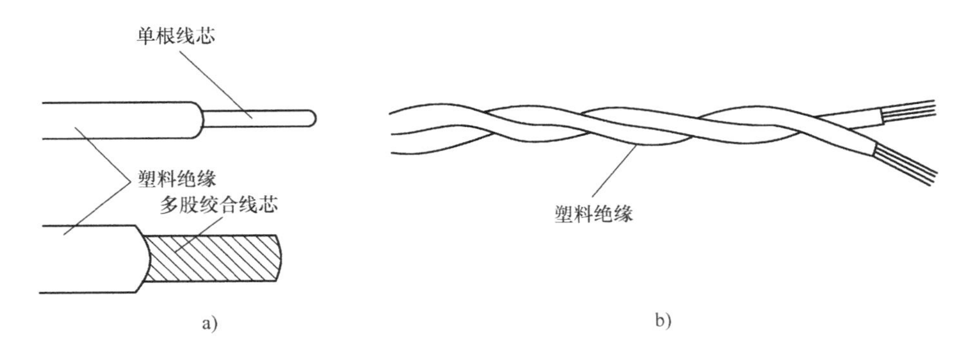

图 1-4 塑料线

2. 橡胶线

橡胶线的绝缘层外面附有纤维纺织层，按线芯材料可分成橡胶铜线和橡胶铝线，其主要特点是绝缘护套耐磨，防风雨日晒能力强。RXB 型棉纱编织橡皮绝缘平型软线和 RXS 型软线也常用作家用电器、照明用吊灯的电源线。使用时要注意工作电压大多为交流 250V 或直流 500V 以下。RVV 型橡胶线则用于交流 1000V 以下的场合。橡胶铜线规格一般为 1 ~ 185mm²。橡胶铝线规格为 1.5 ~ 240mm²，其绝缘电压一般为 500V。主要用于户外照明和动力配线，架空时亦可明敷。

3. 漆包线

漆包线是电磁线的一种，由铜材或铝材制成，其外涂有绝缘漆作为绝缘保护层。漆包线特别是漆包铜线的漆膜均匀、光滑柔软，有利于线圈的自动绕制，广泛用于中小型电工产品中。漆包线也有很多种，按漆膜及作用特点可分为普通漆包线、耐高温漆包线、自粘漆包线、特种漆包线等，其中普通漆包线是一般电工常用的品种，如 Q 型油性漆包线、QQ 型缩醛漆包线、QZ 型聚酯漆包线。

4. 护套软线

护套软线绝缘层由两部分组成，其一为公共塑料绝缘层，将多根线芯包裹在里面，其二为每根软铜芯线的塑料绝缘层。其规格有单芯、两芯、三芯、四芯、五芯等，且每根芯线截面积较小，一般为 0.1 ~ 2.5mm²。护套软线常做照明电源线或控制信号线之用，它还可以在野外一般环境中用作轻型移动式电源线和信号控制线。此外，还有塑料扁平线或平行线等。

想一想

1）你见过的绝缘导线有哪些颜色？

2）请借助网络查找或查找相关书籍，回答下列问题：

① 相线颜色规定有哪些？

____

____

② 零线颜色规定有哪些？

____

____

③ 三相四线制中的 U 相、V 相、W 相一般用颜色规定是什么？

____

____

3）请观察图 1-5，你认为零线、相线分别该接哪种颜色的线，请选择你认为正确的答案。

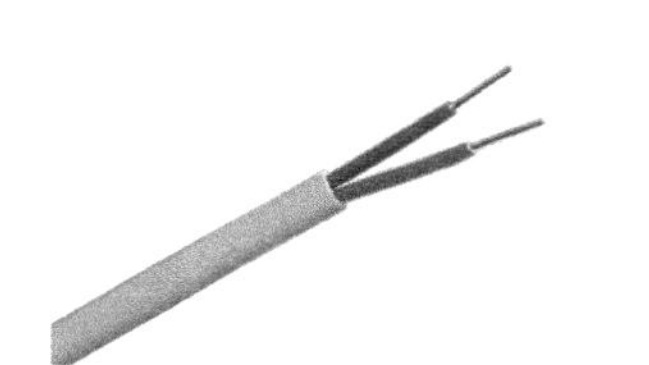

图 1-5　双芯护套线

相线接________（A. 红色　B. 蓝色），相线接________（A. 棕色　B. 蓝色），零线接________（A. 红色　B. 蓝色），零线接________（A. 棕色　B. 蓝色）。

4）你观察到的保护地（PE）是________的绝缘导线。

A. 黄色　　B. 绿色　　C. 黄绿相间

5）你观察到的中性线（N）是________的绝缘导线。

A. 蓝色　　B. 淡蓝色　　C. 黄绿相间

二、熔断器

1. 低压电器

1）低压电器是指工作电压在交流________（A. 1200V　B. 500V）、直流________（A. 1500V　B. 380V）以下的器件及电气设备。

2）低压电器在工业电气控制系统中的主要作用是对所控制的电路或电路中其他的电器进行________、保护、________或调节。

3）低压电器根据其控制对象的不同，分为________电器和________电器两大类。

4）配电电器主要用于低压配电系统和动力回路。常用的有刀开关、转换开关、熔断器、自动开关、接触器等。

5）控制电器主要用于电力传输系统和电气自动控制系统中，常用的有主令电器、继电器、启动器、控制器、万能转换开关等。

6）如图 1-6 所示，请在配电电器的下方画“√”，在控制电器的下方画“○”。

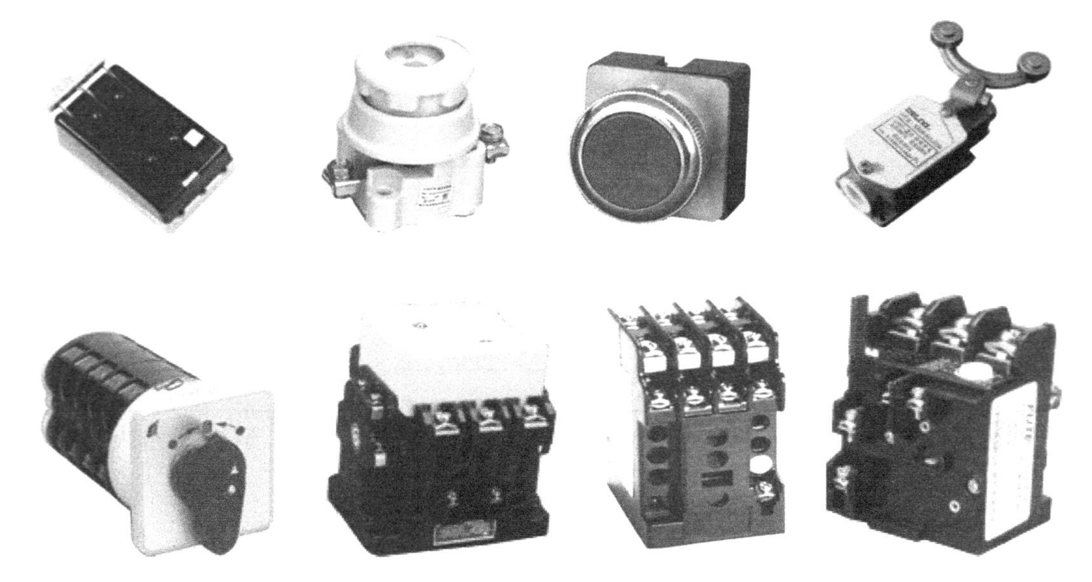

图 1-6 各种元器件

小提示

低压电器型号编制方法：为了便于了解文字符号和各种低压电器的特点，采用国家标准《低压电器产品型号编制方法》（JB/T 2930—2007）的分类方法，将低压电器分为 13 个大类。每个大类用一位汉语拼音字母作为该产品型号的首字母，第二位汉语拼音字母表示该类电器的各种形式。

1）空气式开关 H，例如 HS 为转换隔离器，HZ 为组合开关。

2）熔断器 R，例如 RM 为密封管式熔断器。

3）断路器 D，例如 DW 为万能式断路器，DZ 为塑料外壳式断路器。

4）控制器 K，例如 KT 为凸轮控制器，KG 为鼓形控制器。

5）接触器 C，例如 CJ 为交流接触器，CZ 为直流接触器。

6）起动器 Q，例如 QJ 为减压起动器，QX 为星三角起动器。

7）控制继电器 J，例如 JR 为热继电器，JS 为时间继电器。

8）主令电器 L，例如 LA 为按钮，LX 为行程开关。

9）电阻器或变阻器 Z，例如 ZC 为旋臂式变阻器。

10）自动转换开关电器 T，例如 TJ 为接触式自动转换开关电器。

11）电磁铁 M，例如 MY 为液压电磁铁，MZ 为制动电磁铁。

12）其他 A，例如 AD 为信号灯，AL 为电铃。

2. 熔断器的作用

1）低压熔断器的作用主要是在线路中作________（A. 短路　B. 隔离）保护。

2）短路是由于电气设备或导线的绝缘损坏而导致的一种________（A. 电气　B. 机械）故障。

使用时，熔断器应串联在被保护的电路中。正常情况下，熔断器的熔体相当于一段导线，当电路发生短路故障时，熔体能迅速熔断，分断电路，起到保护线路和电气设备的作用。

3. 熔断器的结构

1）熔断器（图 1-7）主要由熔体、安装熔体的熔管和熔座三部分组成。

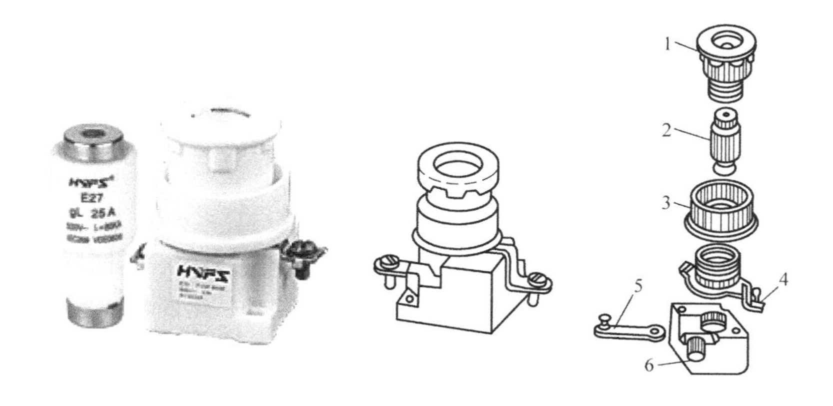

图 1-7　熔断器的结构

1—瓷帽　2—熔管　3—瓷套　4—上接线端　5—下接线端　6—熔座

2）熔断器的核心部分是________（A. 熔体　B. 熔管　C. 熔座），熔体常做成丝状、片状或栅状，制作熔体的材料一般有铅锡合金、锌、铜、银等，根据保护的要求而定。

3）熔管是熔体的保护外壳，用耐热绝缘材料制成，在熔体熔断时兼有________（A. 灭弧　B. 保护）作用。

4）熔座是熔断器的底座，作用是固定________（A. 熔管　B. 熔体）和外接引线。

4. 熔断器的主要技术参数

熔断器的主要技术参数有________、________和________。

小提示

1）额定电压是指熔断器长期工作所能承受的电压。如果熔断器的实际工作电压大于其额定电压，熔体熔断时可能会发生电弧不能熄灭的危险。

2）额定电流是指保证熔断器能长期正常工作的电流，是由熔断器各部分长期工作时的允许温升决定的。

3）分断能力是指在规定的使用和性能条件下，在规定电压下熔断器能分断的预期分断电流值。常用极限分断电流值来表示。

想一想

熔断器的额定电流与熔体的额定电流是一样的吗？例如，型号为 RL1－15 的熔断器，它一定要配15A的熔体吗？如果不是的话，可以配什么样的熔体？

____

____

____

小提示

熔断器的额定电流和熔体的额定电流是两个不同的概念。熔体的额定电流是指在规定的工作条件下，长时间通过熔体而熔体不熔断的最大电流值。通常，一个额定电流等级的熔断器可以配用若干个额定电流等级的熔体，但要保证熔体的额定电流值不能大于熔断器的额定电流值。例如，型号为RL1－15的熔断器，熔断器的额定电流为15A，但可以配用额定电流为2A、4A、6A、10A和15A的熔体。

特别注意

熔断器对过载反应是很不灵敏的，当电气设备发生轻度过载时，熔断器将持续很长时间才熔断，有时甚至不熔断。因此，除在照明和电加热电路外，熔断器一般不宜用作过载保护，主要用作短路保护。

5. 熔断器的型号及含义

1）熔断器的型号及含义如下：

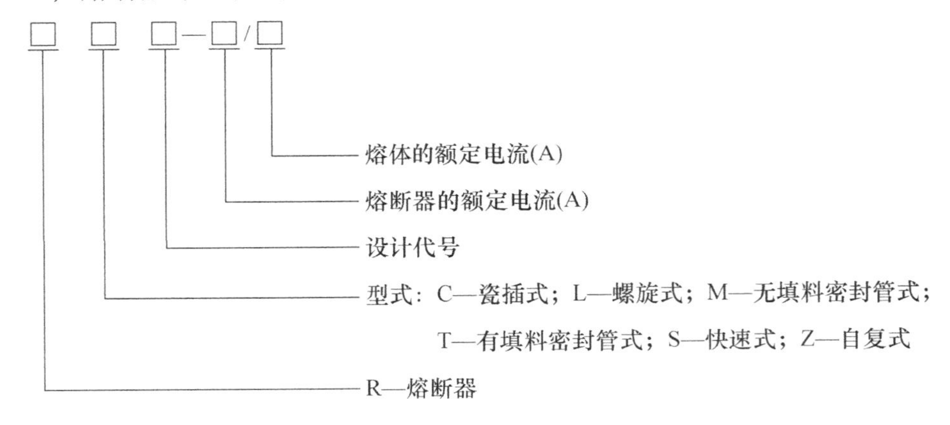

2）例如，型号RC1－15/10中，R表示熔断器，C表示________，设计代号为________，熔断器的额定电流是________A，熔体的额定电流是________A。

6. 常用低压熔断器

（1）RC1系列瓷插式熔断器　此类熔断器如图1-8所示。

1）RC1系列瓷插式熔断器的特点是结构简单，价格低廉，更换方便，使用时将瓷盖插入瓷座，拔下________便可更换熔体。但该熔断器极限分断能力较差，由于为半封闭结构，熔体熔断时有声光现象，在易燃易爆的工作场合应禁止使用。

2）应用场合：主要用于交流50Hz、额定电压380V及以下、额定电流为5～200A的低压线路末端或分支电路中，做线路和用电设备的短路保护，在照明线路中还可起过载保护的作用。

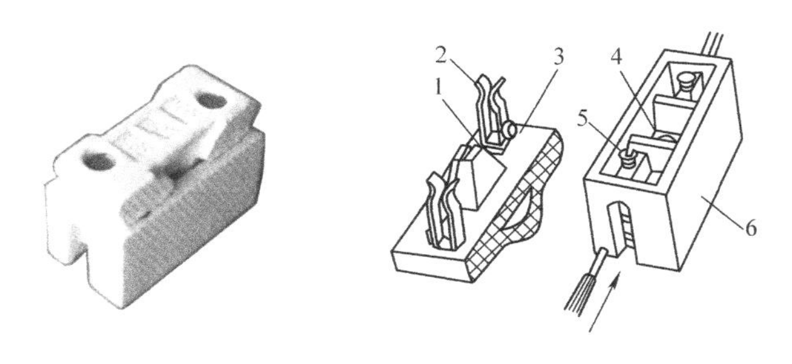

图 1-8　瓷插式熔断器

1—熔体　2—动触点　3—瓷盖　4—空腔　5—静触头　6—瓷座

（2）RL1 系列螺旋式熔断器　此类熔断器如图 1-9 所示。

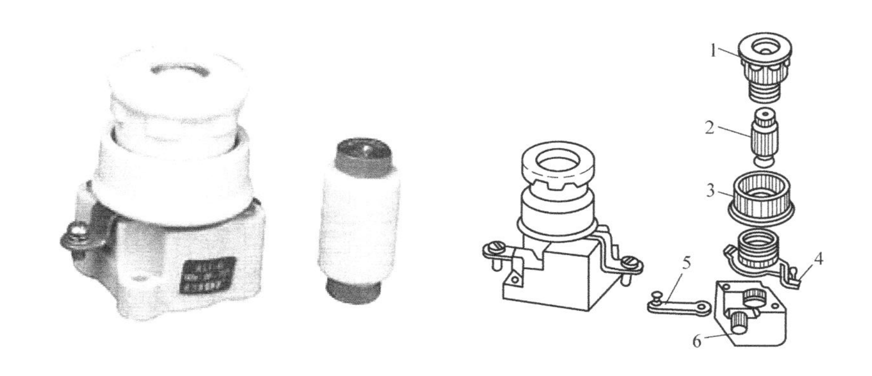

图 1-9　螺旋式熔断器

1—瓷座　2—下接线座　3—瓷套　4—熔断管　5—瓷帽　6—上接线座

1）RL1 系列螺旋式熔断器的特点是熔断管内装有石英砂、熔体和带小红点的熔断指示器，石英砂用以增强灭弧性能。该系列熔断器的分断能力较强，结构紧凑，体积小，安装面积小，更换熔体方便，工作安全可靠，熔体熔断后________（A. 有　B. 没有）明显指示。当从瓷帽玻璃窗口观测到带小红点的熔断指示器自动脱落时，表示熔体________（A. 没有　B. 已经）熔断。

2）应用场合：广泛应用于控制箱、配电屏、机床设备及振动较大的场合，在交流额定电压 500V、额定电流 200A 及以下的电路中，作为________（A. 过载　B. 短路）保护器件。

（3）RM10 系列无填料封闭管式熔断器　此类熔断器如图 1-10 所示。

1）RM10 系列无填料封闭管式熔断器的特点是熔断管为钢制成，两端为黄铜制成的可拆式管帽，管内熔体为变截面的熔片，更换熔体较________（A. 方便　B. 不方便）。RM10 系列熔断器的极限分断能力比 RC1 熔断器有所提高。

2）应用场合：主要用于交流额定电压 380V 及以下、直流 440V 及以下、电流在 600A

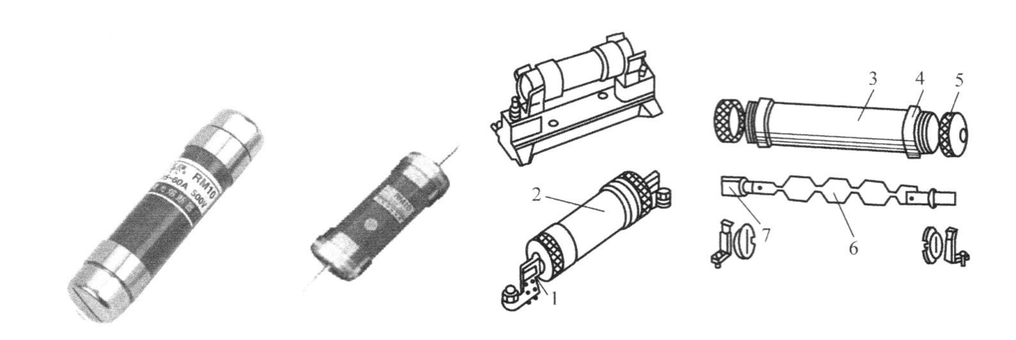

图 1-10 无填料封闭管式熔断器

1—夹座 2—熔断管 3—钢纸管 4—黄铜套管 5—黄铜帽 6—熔体 7—刀型夹头

以下的________（A. 电力 B. 照明）线路中，做导线、电缆及电气设备的短路和连续过载保护。

（4）RT0 系列有填料封闭管式熔断器 此类熔断器如图 1-11 所示。

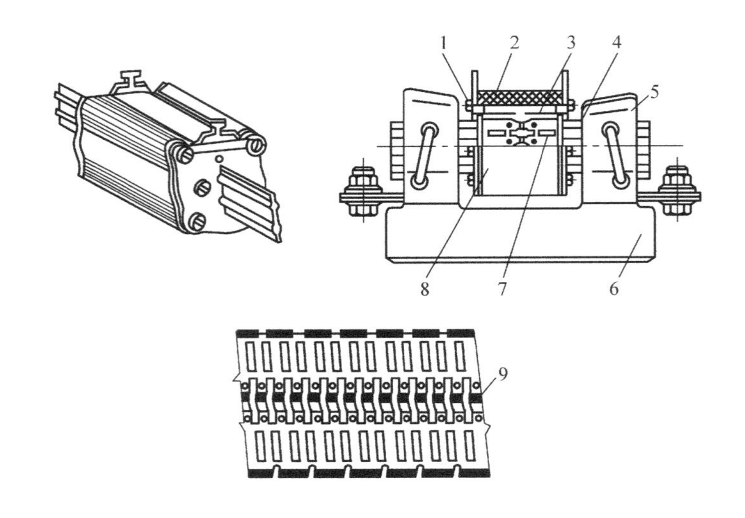

图 1-11 有填料封闭管式熔断器

1—熔断指示器 2—石英砂填料 3—指示器熔体 4—夹头 5—夹座 6—底座 7—熔体 8—熔管 9—锡桥

1）RT0 系列有填料封闭管式熔断器的特点是熔管用高频电工瓷制成，熔体是两片网状纯铜片，中间用锡桥连接。熔体周围填满________（A. 石英砂 B. 石英），起________（A. 灭弧 B. 散热）的作用，该熔断器的分断能力比同容量的 RM10 型大 2.5 ~4 倍。该系列熔断器________（A. 有 B. 无）熔断指示装置，熔体熔断后，显示出醒目的红色熔断信号，并可用配备的专用绝缘手柄在带电的情况下更换熔管，装取方便，安全可靠。

2）应用场合：广泛用于交流 380V 及以下、短路电流________（A. 较大 B. 较小）的电力输配电系统中，作为线路及电气设备的短路保护及过载保护装置。

（5）RS0、RS3 系列有填料快速熔断器 RS0、RS3 系列有填料快速熔断器又称为半导体器件保护用熔断器，如图 1-12 所示。

1）RS0、RS3 系列有填料快速熔断器的特点是电力半导体器件的过载能力很差，采用熔断器保护时，要求过载或短路时必须快速熔断，一般在 6 倍额定电流时，熔断时间不大于 20ms。故快速熔断器的主要特点是熔断时间________（A. 短　B. 长），动作迅速（小于 5ms）。其外形与 RT0 系列有填料封闭管式熔断器相似，熔断管内有石英填料，熔体也采用变截面形状，但用导热性能强、热容量小的银片，熔化速度________（A. 快　B. 慢）。

图 1-12　有填料快速熔断器

2）应用场合：RLS 系列主要用于小容量硅元件及成套装置的________（A. 过载　B. 短路）保护；RS0 和 RS3 系列主要用于大容量晶闸管元件的短路和过载保护，它们的结构相同，但 RS3 系列的动作更快，分断能力更高。

7. 自复式熔断器

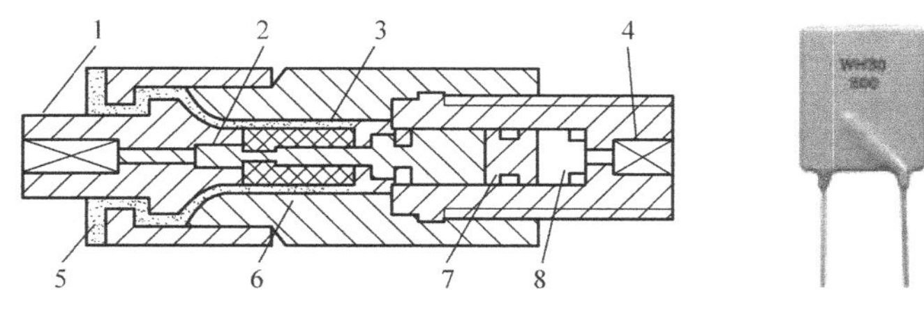

采用液态金属钠做熔体

PTC 聚合物自复熔丝

图 1-13　自复式熔断器

1、4—端子　2—熔体　3—绝缘管　5—填充剂　6—钢套　7—活塞　8—氮气

（1）自复式熔断器的特点　自复式熔断器（图 1-13）是一种采用气体、超导体或液态金属钠等做熔体的限流元件。在故障短路电流产生的高温下，其中的局部液态金属钠迅速气化而蒸发，阻值剧增，即瞬间呈现高阻状态，从而限制了短路电流。当故障消失后，温度下降，金属钠蒸气冷却并凝结，自动恢复至原来的导电状态。自复式熔断器有限流型和复合型两种，限流型自复式熔断器本身不能分断电路，常与断路器串联使用限制短路电流，以提高组合分断性能。复合型自复式熔断器具有限流和分断电路两种功能。自复式熔断器具有限流作用显著、动作时间短、动作后不必更换熔体、能重复使用、能实现自动重合闸等优点，所以在生产中的应用范围不断扩大。

（2）应用场合　目前自复式熔断器的工业产品有 RZ1 系列，它适用于交流 380V 的电路中与断路器配合使用。熔断器的电流有 100A、200A、400A、600A 四个等级，在功率因数 $\lambda \leqslant 0.3$ 时的分断能力为 100kA。

8. 熔断器的选用

想一想

选择正确的答案填在横线上，可以多选。

1）对熔断器的要求是在电气设备正常运行时，熔断器应________；在出现短路故障时，应立即________；在电流发生正常变动（如电动机启动过程）时，熔断器应________；在用电设备持续过载时，应延时________（A. 熔断　B. 不熔断）。

2）对熔断器的选用主要包括________（A. 熔断器类型　B. 额定电压　C. 熔断器额定电流　D. 熔体额定电流）的选用。

3）熔断器类型的选用：根据使用环境、负载性质和短路电流的大小选用适当类型的熔断器。例如，对于容量较小的照明电路，可选用 RT 系列圆筒帽形熔断器或________；对于短路电流相当大或有易燃气体的地方，应选用________；在机床控制线路中，多选用________；用于半导体功率元件及晶闸管的保护时，应选用________（A. RC1A 系列瓷插式熔断器　B. RT 系列有填料封闭管式熔断器　C. RL 系列螺旋式熔断器　D. RS 或 RLS 系列快速熔断器）。

4）熔断器额定电压和额定电流的选用：熔断器的额定电压必须________或________线路的额定电压；熔断器的额定电流必须________或________所装熔体的额定电流；熔断器的分断能力应________电路中可能出现的最大短路电流（A. 等于　B. 大于　C. 小于）。

5）熔体额定电流的选用：

① 对照明和电热等电流较平稳、无冲击电流的负载的短路保护，熔体的额定电流应________或稍________（A. 等于　B. 大于　C. 小于）负载的额定电流。

② 对一台不经常启动且启动时间不长的电动机的短路保护，熔体的额定电流 I_{RN} 应________（A. 等于　B. 大于　C. 小于）或等于 1.5～2.5 倍电动机额定电流 I_N，即

$$I_{RN} \geqslant (1.5 \sim 2.5) I_N$$

③ 对多台电动机的短路保护，熔体的额定电流应________（A. 大于或等于　B. 等于　C. 小于或等于）其中最大容量电动机的额定电流 I_{Nmax} 的 1.5～2.5 倍，加上其余电动机额定电流的总和 $\sum I_N$，即

$$I_{RN} \geqslant (1.5 \sim 2.5) I_{Nmax} + \sum I_N$$

三、低压开关

在电力拖动中，低压开关多数用作机床电路的电源开关和局部照明电路的控制开关，有时也可用来直接控制小容量电动机的启动、停止和正反转。

想一想

常用的低压开关有________（A. 负荷开关　B. 组合开关　C. 低压断路器　D. 按钮　E. 接触器　F. 继电器）。

1. 负荷开关

负荷开关分为________式负荷开关和________式负荷开关两种。

（1）开启式负荷开关　生产中常用的 HK 系列开启式负荷开关，又称为瓷底胶盖刀开关，简称刀开关。它结构简单，价格便宜，适用于交流 50Hz、额定电压单相 220V 或三相 380V、额定电流 10～100A 的照明、电热设备及小容量电动机控制线路中，供手动不频繁地接通和分断电路，并起短路保护。

1）开启式负荷开关的结构。观察刀开关的结构（图 1-14），试着在横线上填写内容。

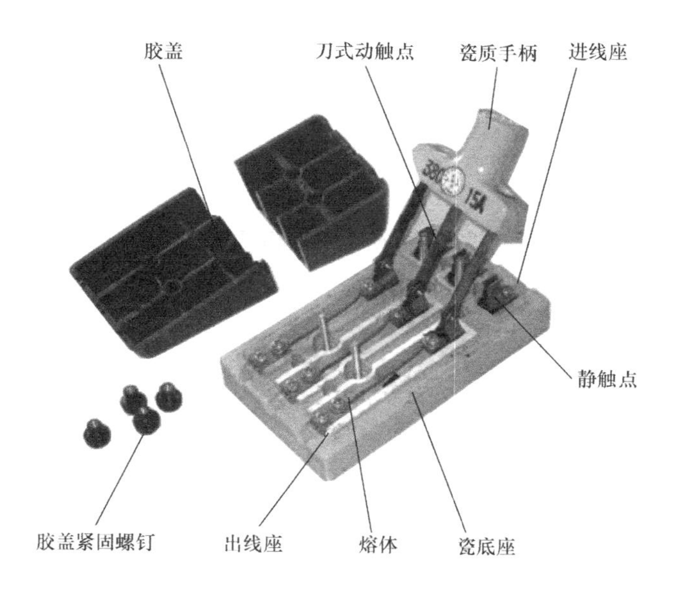

图 1-14　刀开关的结构图

刀开关的瓷底座上装有________、________、________、________和带瓷质手柄的________，上面盖有胶盖，以防止操作时触及带电体或分断时产生的电弧伤人。

想一想

观察图 1-15 所示的 HK 系列开启式负荷开关有什么不同？试在括号里写出它们的名称。

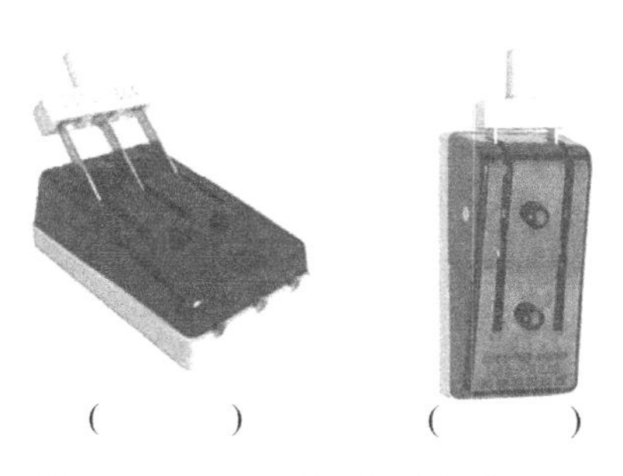

（　　）　（　　）

图 1-15　HK 系列开启式负荷开关

2）开启式负荷开关的电气符号。三极 HK 系列开启式负荷开关的电气符号如图 1-16 所示。

从电气符号图中可知，三极 HK 系列开启式负荷开关的图形符号是________，文字符号是________。

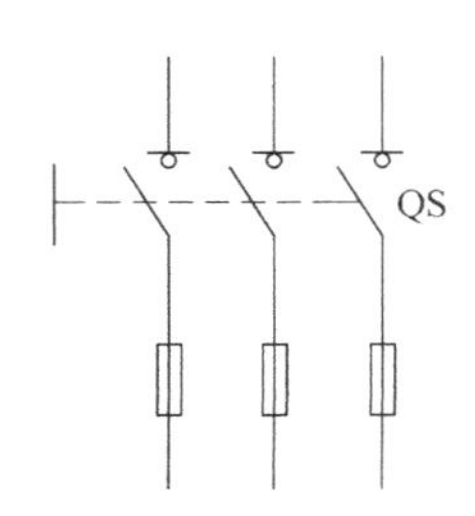

图 1-16 三极 HK 系列开启式负荷开关的电气符号

3）开启式负荷开关的型号及含义如下：

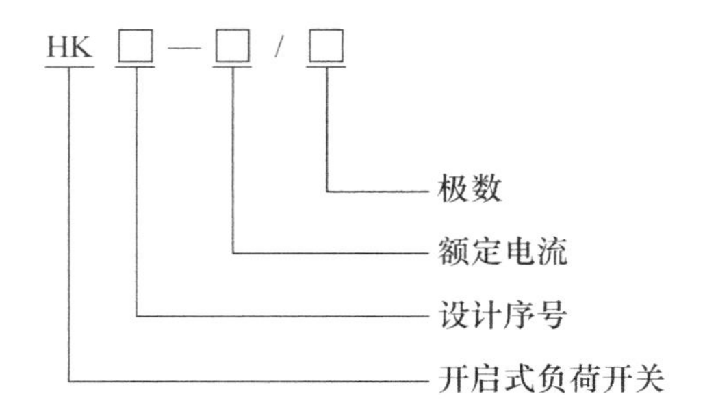

4）HK 开启式负荷开关用于一般的照明电路和功率小于 5.5kW 的电动机控制线路中。但这种开关没有专门的灭弧装置，其刀式动触头和静夹座易被电弧灼伤，引起接触不良，因此不宜用于操作频繁的电路。具体选用方法如下：

① 用于照明和电热负载时，选用额定电压 220V 或 250V，额定电流不小于电路所有负载额定电流之和的两极开关。

② 用于控制电动机的直接启动和停止时，选用额定电压 380V 或 500V，额定电流不小于电动机额定电流 3 倍的三极开关。

（2）封闭式负荷开关　封闭式负荷开关的结构如图 1-17 所示。它是在开启式负荷开关的基础上改进设计的一种开关，因其外壳多为铸铁或用薄钢板冲压而成，故俗称铁壳开关，适用于交流频率 50Hz、额定工作电压 380V、额定工作电流至 400A 的电路中，用于手动不频繁的接通和分断带负载的电路及线路末端的短路保护，也可用于控制 15kW 以下小容量交流电动机的不频繁直接启动和停止。

想一想

观察封闭式负荷开关的结构图，试着在横线上选择正确的选项。

常用的 HH 系列封闭式负荷开关在结构上设计成侧面旋转操作式，主要由操作机构、熔断器、触头系统和铁壳组成。操作机构具有快速分断装置，开关的闭合和分断速度与操作者的手动速度________（A. 有关　B. 无关），从而保证了操作人员和设备的安全；触头系统全部封装在铁壳内，并带有灭弧室以保证安全；罩盖与操作机构设置了联锁装置，保证开关在闭合状态下罩盖________（A. 能　B. 不能）开启，而当罩盖开启时又________（A. 能　B. 不能）闭合。另外罩盖也可以加锁，确保操作安全。

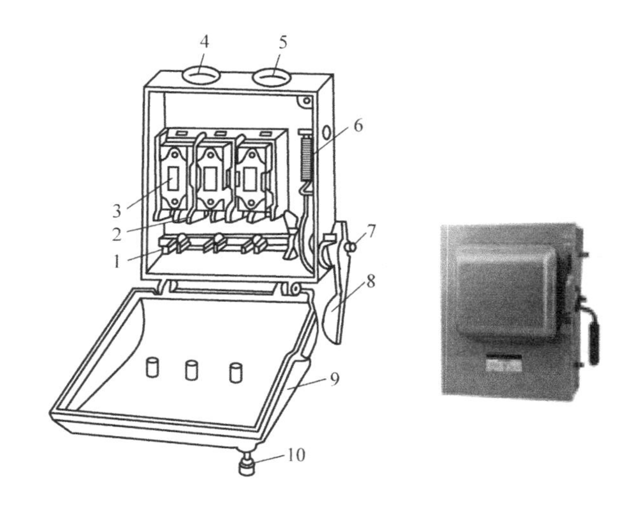

图 1-17　封闭式负荷开关

1—动触点　2—静夹座　3—熔断器　4—进线孔　5—出线孔　6—速断弹簧
7—转轴　8—手柄　9—罩盖　10—罩盖锁紧螺栓

小提示

1）封闭式负荷开关在电路图中的符号与开启式负荷开关相同。

2）封闭式负荷开关的型号及含义如下：

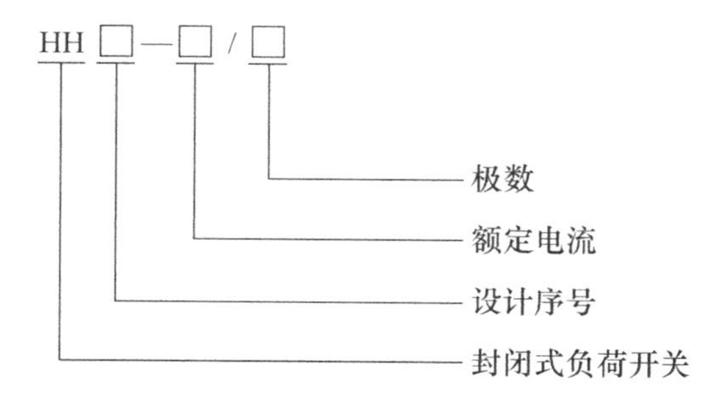

3）封闭式负荷开关的选用：封闭式负荷开关的额定电压应不小于工作电路的额定电压；额定电流应等于或稍大于电路的工作电流。用于控制电动机工作时，考虑到电动机的启动电流较大，应使开关的额定电流不小于电动机额定电流的 3 倍。

2. 组合开关

组合开关又称为转换开关，控制容量比较小，常用于空间比较狭小的场所，如机床电气控制和配电箱等。组合开关一般用于电气设备的非频繁操作、切换电源和负载，以及控制小容量感应电动机等场合。

（1）组合开关的结构　观察封闭式负荷开关的结构图（图 1-18）。组合开关的种类很多，常用的有 HZ5、HZ10、HZ15 等系列。对于 HZ10 - 10/3 型组合开关的结构，其________（A. 静触头　B. 动触头）装在绝缘垫板上，并附有接线柱用于与电源及负载相接，________（A. 静触头　B. 动触头）装在能随转轴转动的绝缘垫板上，手柄和转轴能沿顺时针或逆时针方向转动90°，带动三个动触头分别与静触头接触或分离，实现________和________电路的目的。由于采用了扭簧储能结构，从而能________（A. 快速　B. 慢速）闭合及分断开关，使开关的闭合和分断速度与手动操作________（A. 无关　B. 有关）。

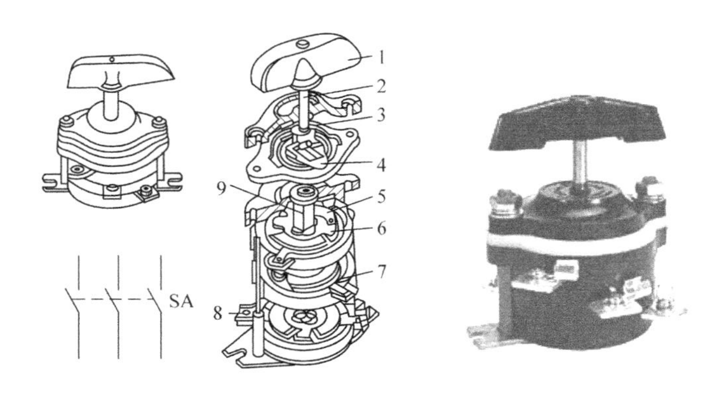

图1-18　组合开关

1—手柄　2—转轴　3—弹簧　4—凸轮　5—绝缘垫板
6—动触头　7—静触头　8—接线端子　9—绝缘方轴

（2）组合开关的型号及含义　HZ10系列组合开关的型号及含义如下：

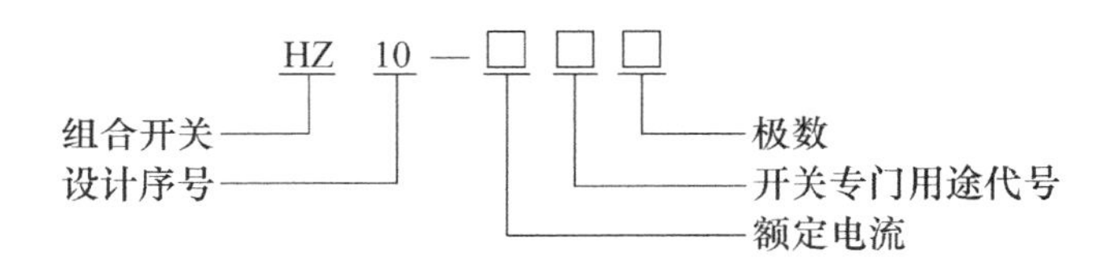

3. 低压断路器

低压断路器又称为自动空气断路器，简称断路器。它集控制和多种保护功能于一体，在线路工作正常时，它作为电源开关不频繁地接通和分断电路；当电路中发生短路、过载和失压等故障时，它能自动切断故障电路，保护线路和电气设备。

低压断路器具有操作安全、安装使用方便、工作可靠、动作值可调、分断能力较强、兼作多种保护、动作后不需要更换元件等优点，因此得到广泛应用。

（1）低压断路器的分类　低压断路器按结构形式可分为塑壳式（又称为装置式）、万能式（又称为框架式）、限流式、直流快速式、灭磁式和漏电保护式六类；按操作方式分，有人力操作、动力操作和储能操作之分；按极数分为________（A. 单极式　B. 二极式　C. 三极式　D. 四极式　E. 五极式）；按安装方式又可分为________（A. 固定式　B. 插入式　C. 抽屉式　D. 悬挂式）；按断路器在电路中的用途可分为配电用断路器、电动机保护用断路器和其他负载（如照明）用断路器等。

常用的几种塑壳式和万能式低压断路器的外形如图1-19所示。试着在括号里选择正确的选项（A. DZ5系列塑壳式　B. DZ15系列塑壳式　C. NH2－100隔离开关　D. DW16系列万能式　E. DW15系列万能式）。

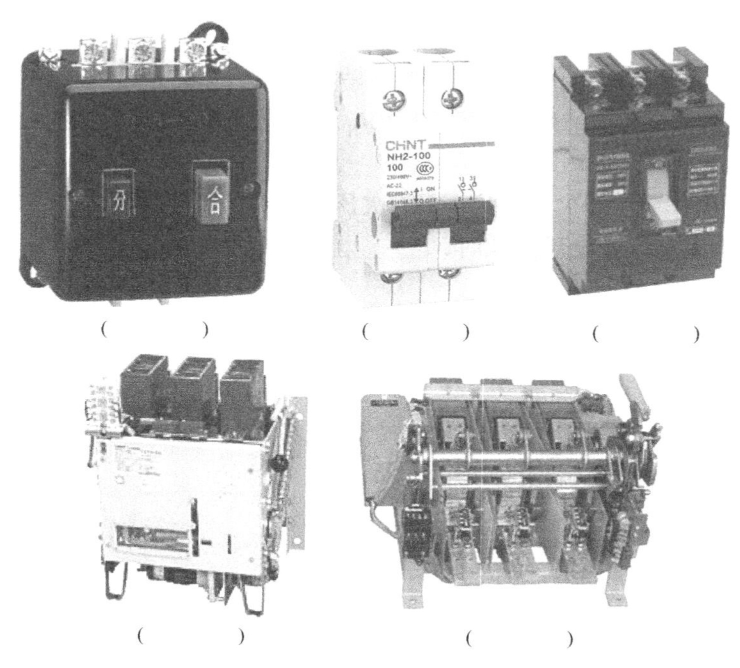

（ ） （ ） （ ）

（ ） （ ）

图 1-19 各种断路器

（2）低压断路器结构及原理 其结构如图 1-20 所示，试分析其工作原理。

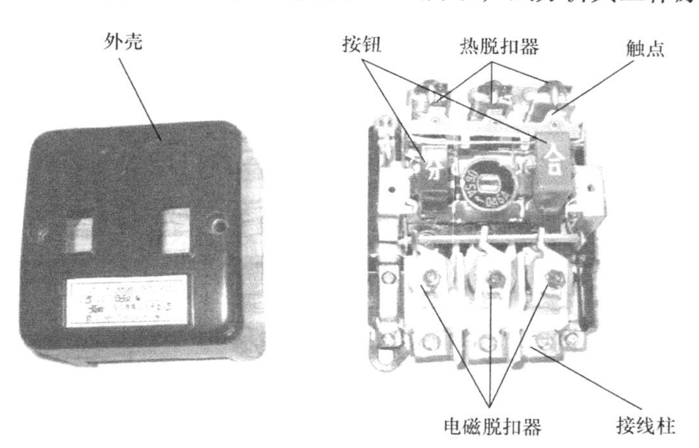

图 1-20 低压断路器的结构

1）在电力拖动系统中，常用的是 DZ 系列塑壳式低压断路器。DZ5 系列低压断路器的结构如图 1-20 所示。它主要由触头系统、灭弧装置、操作机构、________、________及绝缘外壳等部分组成。

2）DZ5 系列断路器有________对主触头，________对常开辅助触头和________对常闭辅助触头。使用时，________对主触头串联在被控制的三相电路中，用以接通和分断主回路的大电流。按下绿色“合”按钮时________（A. 接通 B. 分断）电路；按下红色“分”按钮时________（A. 接通 B. 分断）电路。当电路出现短路、过载等故障时，断路器会________（A. 手动 B. 自动）跳闸切断电路。

3）断路器的热脱扣器用于过载保护，整定电流的大小由电流调节装置调节。电磁脱扣器作短路保护，瞬时脱扣整定电流由电流调节装置调节。出厂时，电磁脱扣器的瞬时脱扣整定电流一般整定为$10I_N$（I_N为断路器的额定电流）。

4）欠压脱扣器作零压和欠压保护。具有欠压脱扣器的断路器，在欠压脱扣器两端无电压或电压过低时，________（A. 能 B. 不能）接通电路。

图1-21 DZ5系列低压断路器的符号

（3）低压断路器的符号及型号含义 DZ5系列低压断路器的电气符号如图1-21所示，从电气符号图中可知，DZ5系列低压断路器的文字符号是________。

图形符号是________________________________。

DZ5系列低压断路器的型号及含义如下：

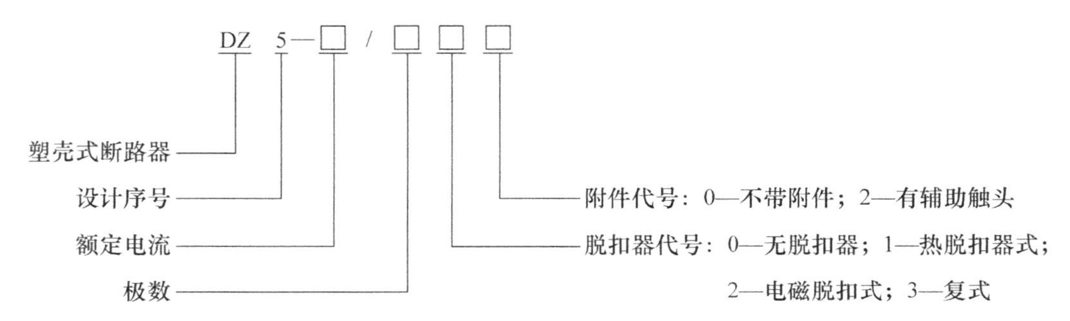

（4）DZ5系列低压断路器的应用场合 DZ5系列低压断路器适用于交流50Hz、额定电压380V、额定电流至50A的电路中，保护电动机用断路器用于电动机的短路和过载保护；配电用断路器在配电网络中用来分配电能和作为线路及电源设备的短路和过载保护之用，也可分别作为电动机不频繁启动及线路的不频繁转换之用。

（5）低压断路器的选用

1）低压断路器的额定电压和额定电流应不小于线路、设备的正常工作电压和工作电流。

2）热脱扣器的整定电流应等于所控制负载的额定电流。

3）电磁脱扣器的瞬时脱扣整定电流应大于负载电路正常工作时的峰值电流。用于控制电动机的断路器，其瞬时脱扣整定电流可按下式选取：

$$I_z \geqslant KI_s$$

式中 K——安全系数，可取1.5～1.7；

I_s——电动机的启动电流。

4）欠压脱扣器的额定电压应等于线路的额定电压。

5）断路器的极限通断能力应不小于电路的最大短路电流。

四、按钮

按钮是一种结构简单，应用广泛的主令电器。主令电器是一种机械操作的控制电器，可对各种电气系统发出控制指令，使继电器和接触器动作，从而改变电器设备的工作状态（如电动机的启动、停止、变速等）。

主令电器应用广泛，种类繁多。最常见的有按钮、行程开关、接近开关、转换开关和主令控制器等。

想一想

如图 1-22 所示，在主令电器的下面打“√”，不是的打“×”。

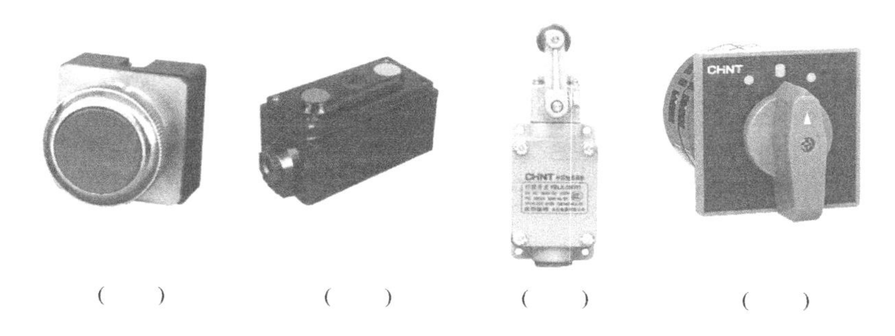

图 1-22　各种电气元件

1. 认识按钮

常用的按钮如图 1-23 所示。

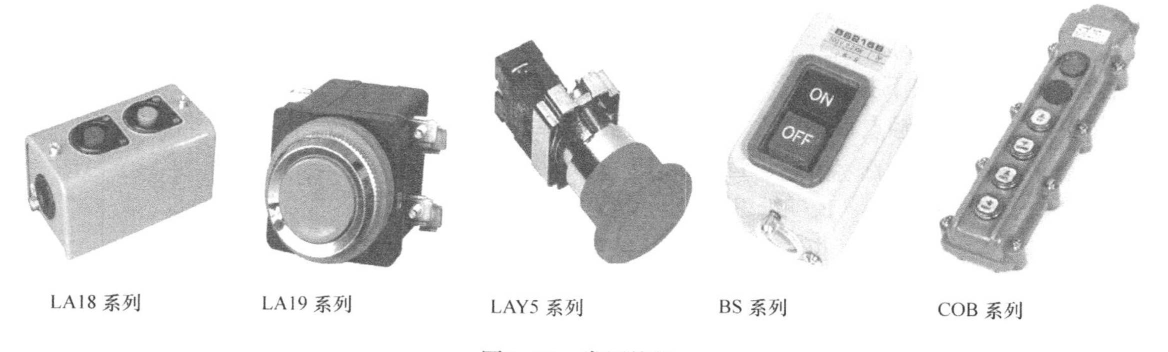

图 1-23　常用按钮

2. 按钮的功能

按钮是用来接通或者分断小电流电路的控制电器，是发出控制指令或者控制信号的电器开关，是一种手动且一般可以自动复位的主令电器。在控制电路中，通过按动按钮发出相关的控制指令来控制接触器、继电器等电器，再由继电器、接触器等其他电器受控后的工作状态实现对主电路进行通断的控制要求。

3. 按钮的结构及符号

1）按钮一般由按钮帽、复位弹簧、桥式动触点、静触点、支柱连杆及外壳等部分组成。

2）按钮按不受外力作用（即静态）时触点的分合状态，分为常开按钮、常闭按钮和复合按钮（即常开、常闭触点组合为一体的按钮），各种按钮的结构与符号如图 1-24 所示。

想一想

如图1-24所示，在括号中填写正确的选项（A. 常开按钮 B. 常闭按钮 C. 复合按钮）。

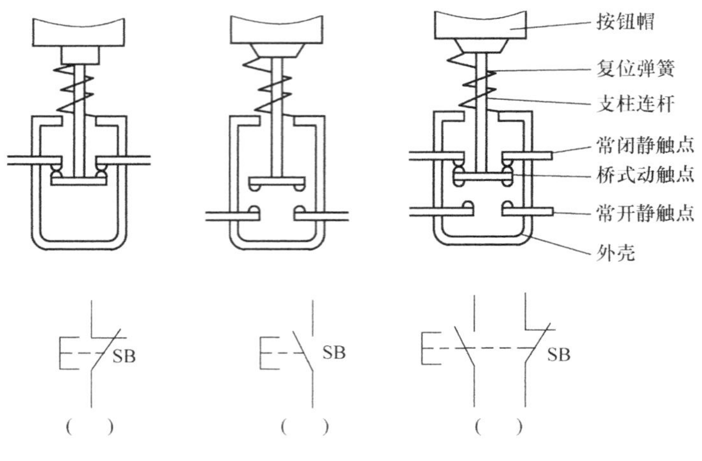

图1-24 按钮

3）对常开按钮而言，按下按钮时，触点________（A. 闭合 B. 断开），松开后，触点自动断开复位；常闭按钮则相反，按下按钮时，触点________（A. 闭合 B. 断开），松开后触点自动闭合复位；复合按钮是当按下按钮时，桥式动触点向下运动，使常闭触点先________（A. 闭合 B. 断开）后，常开触点才________（A. 闭合 B. 断开），当松开按钮时，则常开触点先________（A. 闭合 B. 分断）复位后，常闭触点再________（A. 闭合 B. 断开）复位。

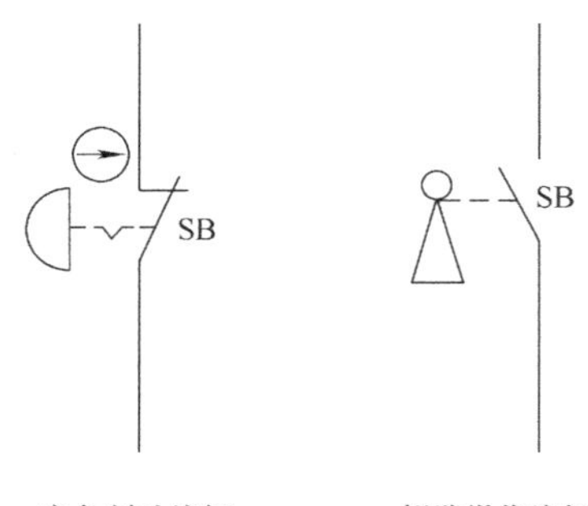

图1-25 急停按钮和钥匙操作式按钮的符号

4）按钮从外形和操作方式上可以分为平钮和急停按钮，急停按钮俗称蘑菇头按钮，除此之外还有钥匙钮、旋钮、拉式钮、带灯式等多种类型。图1-25所示是急停按钮和钥匙操作式按钮的符号。

5）按钮颜色的含义见表1-3。

表1-3 按钮颜色的含义

颜色	含义	说明	应用举例
红	紧急	危险或紧急情况时操作	急停
黄	异常	异常情况时操作	干预、制止异常情况，干预、重新启动中断了的自动循环
绿	安全	安全情况或为正常情况准备时操作	启动/接通
蓝	强制性的	要求强制动作情况下的操作	复位功能

（续）

颜色	含义	说　明	应用举例
白	未赋予特定含义	除急停以外的一般功能的启动	启动/接通（优先） 停止/断开
灰			启动/接通 停止/断开
黑			启动/接通 停止/断开（优先）

6）按钮指示灯的颜色及其相对于工业机械状态的含义见表 1-4。

表 1-4　按钮指示灯的颜色及其相对于工业机械状态的含义

颜色	含义	说明	操作者的动作	应用示例
红	紧急	危险情况	立即动作去处理危险情况（如操作急停）	1. 压力/温度超过安全极限电压 2. 降落击穿行程超越停止位置
黄	异常	异常情况或紧急临界情况	监视和（或）干预（如重建需要的功能）	压力/温度超过正常限值，保护器件脱扣
绿	正常	正常情况	任选	压力/温度在正常范围内
蓝	强制性	指示操作者需要动作	强制性动作	指示输入预选值
白	无确定性质	其他情况，可用于红、黄、绿、蓝色的应用有疑问时	监视	一般信息

想一想

你在车床电气控制线路中看见过哪些按钮？请标出它们的颜色。

①启动按钮的颜色是________。

A. 红色　　B. 绿色　　C. 灰色　　D. 黑色　　E. 橘红色

②停止按钮的颜色是________。

A. 红色　　B. 绿色　　C. 灰色　　D. 黑色　　E. 橘红色

③急停按钮的颜色是________。

A. 红色　　B. 绿色　　C. 灰色　　D. 黑色　　E. 橘红色

④急停按钮的形状是________。

A. 蘑菇头　　B. 正方形　　C. 长方形

⑤按下急停按钮后松手，按钮________。

A. 马上复位　　B. 锁住，不能复位

4. 按钮的型号及含义

按钮的型号及含义如下：

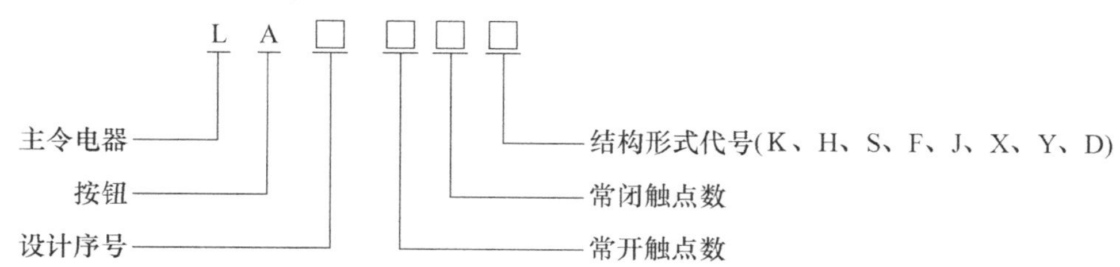

其中结构形式代号的含义如下：

K——开启式，适用于嵌装在操作面板上。

H——保护式，带保护外壳，可防止内部零件受机械损伤或人偶然触及带电部分。

S——防水式，具有密封外壳，可防止雨水浸入。

F——防腐式，能防止腐蚀性气体进入。

J——紧急式，带有红色大蘑菇钮头（突出在外），作紧急切断电源用。

X——旋钮式，用旋钮旋转进行操作，有通和断两个位置。

Y——钥匙操作式，用钥匙插入进行操作，可防止误操作或供专人操作。

D——光标按钮，按钮内装有信号灯，兼作信号指示。

五、交流接触器

接触器在电力拖动自动控制线路中被广泛应用，主要用于控制电动机等。接触器能频繁地通断交直流电路，可实现被控线路远距离控制。它具有低电压释放保护功能。

接触器有交流接触器和直流接触器两大类型。

想一想

以下属于手动操作的器件是________。

A. 刀开关　B. 交流接触器　C. 启动按钮　D. 热继电器　E. 转换开关

1. 外形

常见的交流接触器如图 1-26 所示。

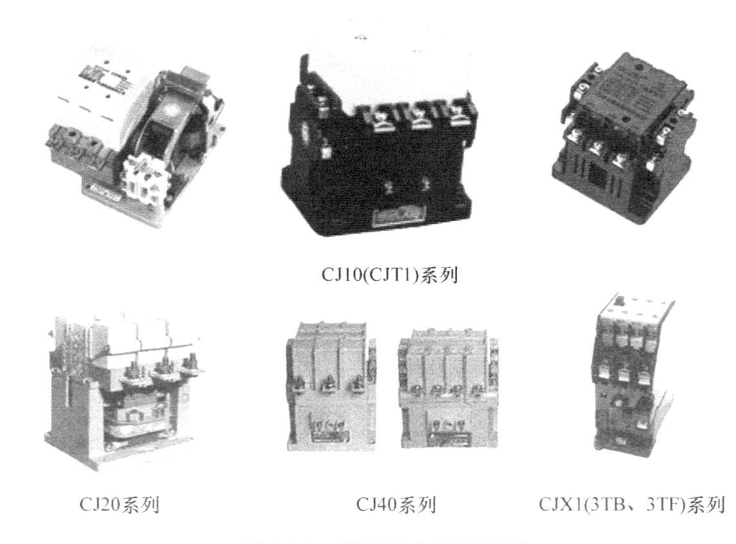

图 1-26　常见的交流接触器

2. 交流接触器的结构

交流接触器主要由电磁机构、触点系统、灭弧装置和辅助部件等组成。下文以 CJ10—

20 型交流接触器（图 1-27）为例，分析其结构。

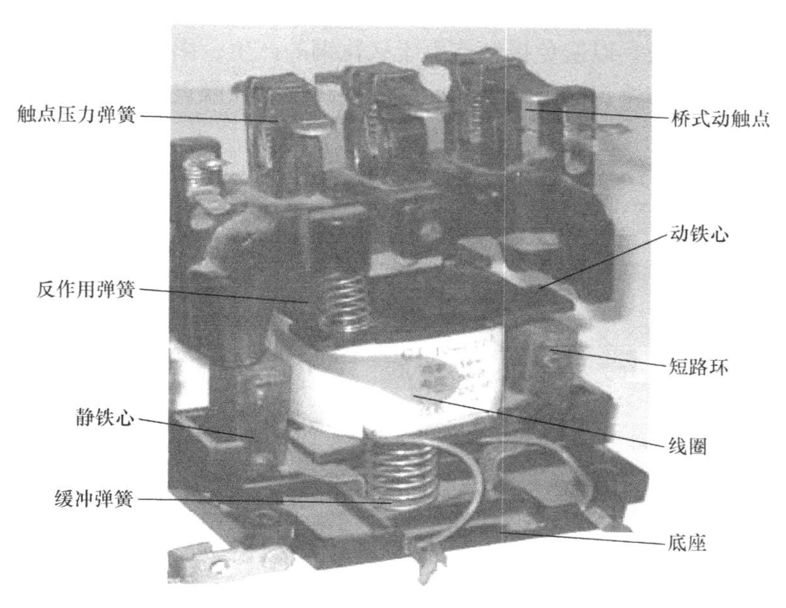

图 1-27　交流接触器的结构

（1）电磁系统及辅助部件　电磁机构主要由线圈、静铁心和动铁心三部分组成。静铁心在下，动铁心在上，线圈装在静铁心上。静、动铁心一般用 E 形硅钢片叠压而成，以减少铁心的磁滞和涡流损耗；铁心的两个端面上嵌有短路环，用以消除电磁系统的振动和噪声；线圈做成粗而短的圆筒形，且在线圈和铁心之间留有空隙，以增强铁心的散热效果。

交流接触器利用电磁机构中线圈的通电或断电，使静铁心吸合或释放动铁心，从而带动动触点与静触点闭合或分断，实现电路的接通或断开。

想一想

试着在括号里选择正确的选项（可以是多选）。

1）交流接触器有________弹簧。

A. 反作用　　B. 缓冲　　C. 触点压力　　D. 复位

2）CJ10—20 型交流接触器靠近主触点的铁心是________。

A. 静铁心　　B. 动铁心

3）CJ10—20 型交流接触器铁心中的两端面嵌有短路环，此铁心是________。

A. 静铁心　　B. 动铁心　　C. 动铁心和静铁心

4）CJ10—20 型交流接触器中的缓冲弹簧与反作用弹簧比较，缓冲弹簧________。

A. 又粗又短　　B. 又细又长　　C. 与反作用弹簧一样

5）CJ10—20 型交流接触器铁心中的短路环的作用是________。

A. 短路　　B. 消除电磁系统的振动和噪声　　C. 增强散热功能

（2）触点系统和灭弧罩　二者的外形如图 1-28 所示，交流接触器的触点按接触情况可分为点接触式、线接触式和面接触式三种，如图 1-29 所示。

按触点的结构形式可将其分为桥式触点和指形触点两种，如图 1-30 所示。CJ10 系列交流接触器的触点一般采用双断点桥式触点，其动触点用纯铜片冲压而成，在触点桥的两端镶有银基合金制成的触点块，以避免接触点由于氧化铜的产生，影响其导电性能。静触点一般用黄铜板冲压而成，一端镶焊触点块，另一端为接线柱。在触点上装有压力弹簧片，用以减小接触电阻，并消除开始接触时产生的有害振动。

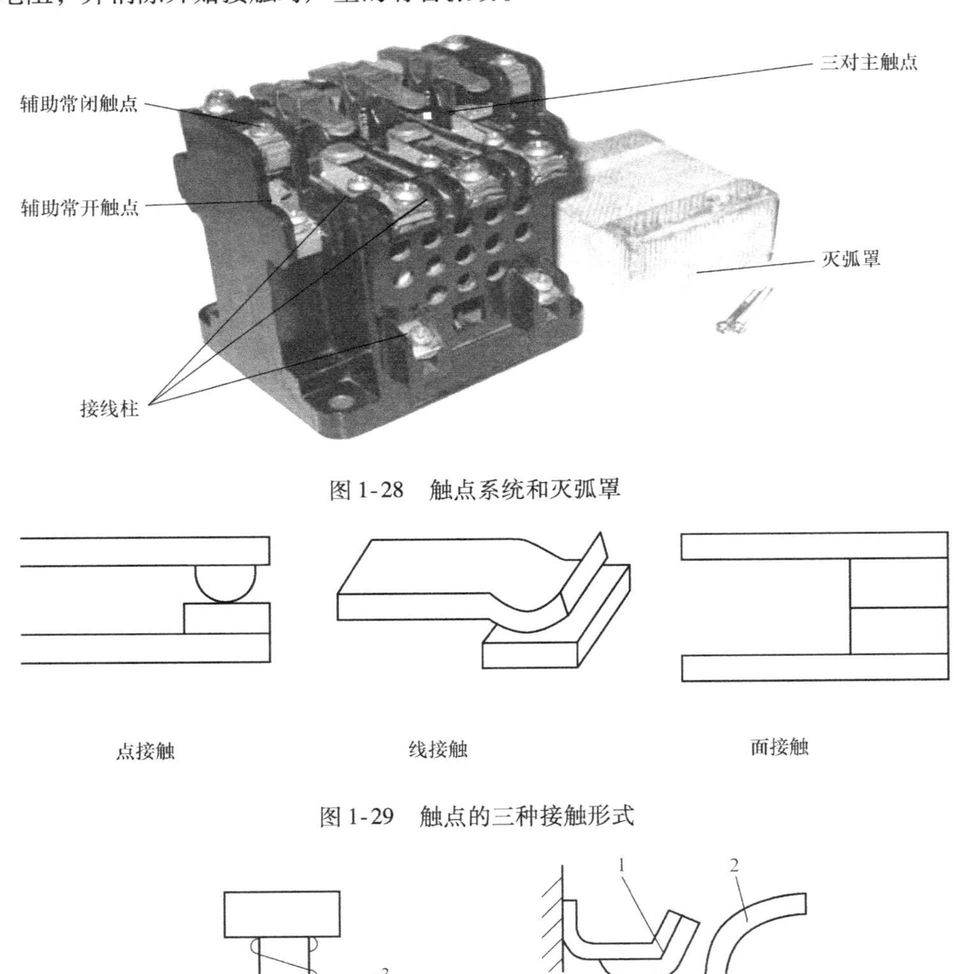

图 1-28 触点系统和灭弧罩

图 1-29 触点的三种接触形式

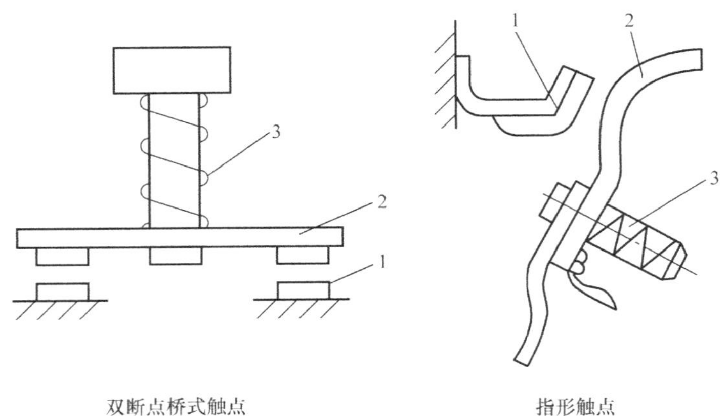

图 1-30 触点的结构形式

1—静触点 2—动触点 3—触点压力弹簧

按通断能力的不同可将触点分为主触点和辅助触点。主触点用以通断电流较大的主电路，一般由三对常开触点组成。辅助触点用以通断较小电流的控制电路，一般由两对常开和两对常闭触点组成。所谓触点的常开和常闭，是指电磁系统未通电动作前触点的状态。常开触点和常闭触点是联动的。当线圈通电时，常闭触点先断开，常开触点随后闭合，中间有一个很短的时间差；当线圈断电后，常开触点先恢复断开，随后常闭触点恢复闭合，中间也存在一个很短的时间差。这个时间差虽短，但对分析线路的控制原理却很重要。

想一想

试着在括号里选择正确的选项（可以是多选）。

1）CJ10—10 型交流接触器的主触点属于________。

A. 点接触　　B. 线接触　　C. 面接触

2）CJ10－10 型交流接触器的触点采用________。

A. 双断点桥式触点　B. 指形触点

（3）灭弧装置　交流接触器在断开大电流或高电压电路时，会在动、静触点之间产生很强的电弧。电弧是触点间气体在强电场作用下产生的放电现象，它的产生一方面会灼伤触点，缩短触点的使用寿命；另一方面会使电路切断时间延长，甚至造成弧光短路或引起火灾事故。因此，触点间的电弧应尽快熄灭。

灭弧装置的作用是熄灭触点分断时产生的电弧，以减轻电弧对触点的灼伤，保证可靠的分断电路。交流接触器常采用的灭弧装置有双断口结构的电动力灭弧装置、纵缝灭弧装置和栅片灭弧装置，如图 1-31 所示。对于容量较小的交流接触器，如 CJ10—10 型，一般采用双断口结构的电动力灭弧装置。CJ10 系列交流接触器额定电流在 20A 及以上的，常采用纵缝灭弧装置灭弧；对于容量较大的交流接触器，多采用栅片灭弧装置来灭弧。

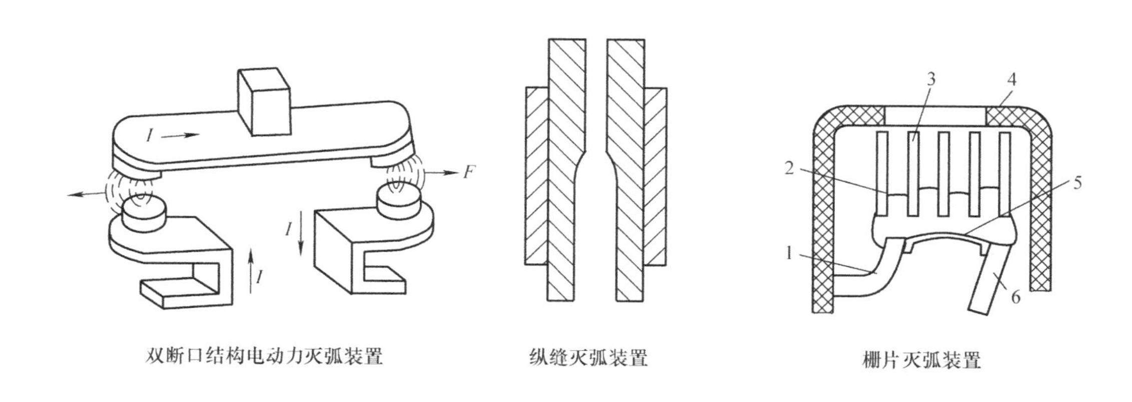

图 1-31　常用的灭弧装置

1—静触点　2—短电弧　3—灭弧栅片　4—灭弧罩　5—电弧　6—动触点

（4）辅助部件　交流接触器的辅助部件有反作用弹簧、缓冲弹簧、触头压力弹簧、传动机构及底座、接线柱等。反作用弹簧安装在动铁心和线圈之间，其作用是线圈断电后，推动动铁心释放，使动触点复位；缓冲弹簧安装在静铁心和线圈之间，其作用是缓冲动铁心在吸合时对静铁心和外壳的冲击力，保护外壳；触点压力弹簧安装在动触点上面，其作用是增加动、静触点间的压力，从而增大接触面积，以减少接触电阻，防止触点过热损伤；传动机构的作用是在动铁心或反作用弹簧的作用下，带动动触点实现与静触点的接通或分断。

想一想

试着选择正确的选项（可以是多选）。

1）观察 CJ10－20 型交流接触器，其灭弧装置属于________。

A. 双断口结构的电动力灭弧装置　　B. 纵缝灭弧装置　　C. 栅片灭弧装置

2）若交流接触器的线圈得电，主触点________。

A. 闭合　　B. 断开　　C. 不动作

3）若交流接触器的线圈得电，辅助常开触点________。

A. 闭合　　B. 断开　　C. 不动作

4）若交流接触器的线圈断电，辅助常闭触点________。

A. 接通　　B. 断开　　C. 不动作

六、热继电器

1. 定义、分类和作用

继电器用于将某种电量（如电压、电流）或非电量（如温度、压力、转速、时间等）的变化量转换为开关量，以实现对电路的自动控制功能。继电器的种类很多，按输入量可分为电压继电器、电流继电器、时间继电器、速度继电器、压力继电器等；按用途可分为控制继电器、保护继电器等。

热继电器是利用流过继电器的电流所产生的热效应而反时限动作的自动保护电器。热继电器主要与接触器配合使用，用作电动机的过载保护、断相保护、电流不平衡运行的保护及其他电气设备发热状态的控制。

热继电器的形式有多种，其中双金属片式应用最多。按极数划分有单极、两极和三极三种，其中三极热继电器又包括带断相保护装置的热继电器和不带断相保护装置的热继电器；按复位方式的不同，分为自动复位式热继电器和手动复位式热继电器。

想一想

试着选择正确的选项，并填写正确的答案（可以多选）。

1）继电器按输入量的不同可分为电压继电器、________、________、速度继电器和压力继电器等。

2）热继电器主要与________配合使用，用作电动机的________（A. 过载保护　B. 断相保护　C. 短路保护　D. 电流不平衡保护）。

想一想

读一读热继电器铭牌，属于图 1-32 所示的哪种系列，请在图中打“√”。

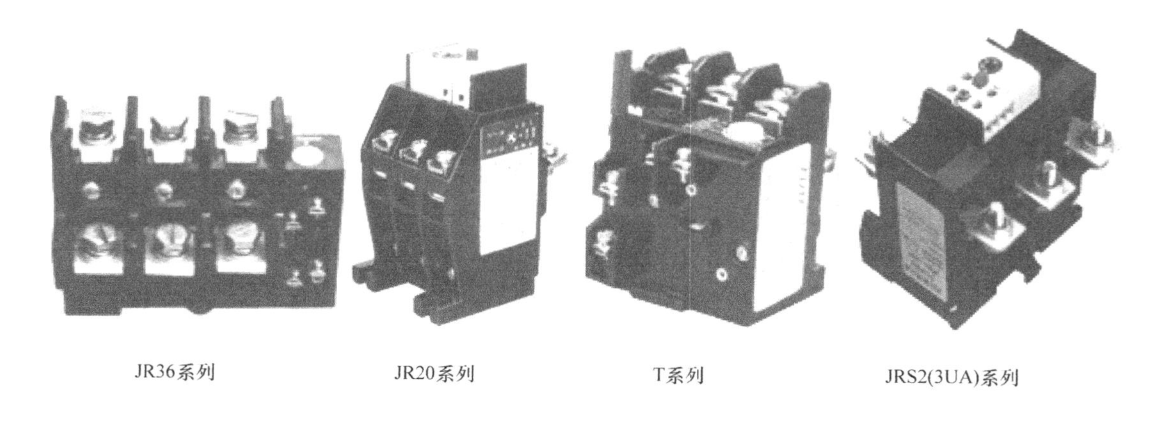

图 1-32 常用热继电器系列

2. 热继电器的结构及工作原理

常用过载保护装置种类很多，但使用最多、最普遍的是双金属片式热继电器（图 1-33）。目前，双金属片式热继电器均为三相式，有带断相保护和不带断相保护两种。

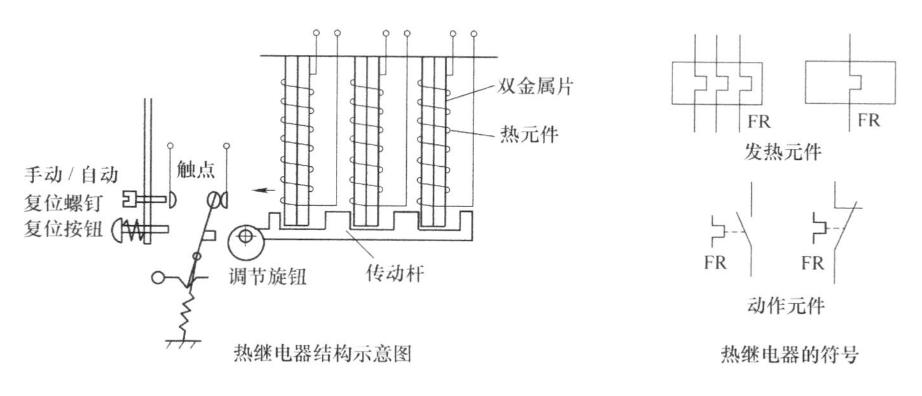

图 1-33 热继电器的结构

1）由图 1-33 可见，热继电器主要由________、________、________、传动杆、拉簧、调节旋钮、复位螺钉、________和接线端子等组成。

2）双金属片是两种热膨胀系数不同的金属用机械方法使之形成一体的金属片。由于两种热膨胀系数不同的金属紧密地贴合在一起，当电流产生热效应时，使得双金属片向膨胀系数小的一侧弯曲，由弯曲产生的位移带动________动作。

3）发热元件串接于被保护电动机的主电路中，通过发热元件的电流就是电动机的工作电流。当电动机正常运行时，其工作电流通过发热元件产生的热量不足以使双金属片变形，热继电器________（A. 会动作 B. 不会动作）。当电动机发生过电流且超过整定值时，双金属片的热量增大而发生弯曲，经过一定时间后，使触点动作，通过控制电路切断电动机的工作电源。同时，发热元件也因失电而逐渐降温，经过一段时间的冷却，双金属片恢复到原来状态。

4）热继电器动作电流的调节是通过________（A. 旋转调节旋钮 B. 复位按钮）来实

现的。

5）复位方式有自动复位和手动复位两种。将复位螺钉旋入，使常开的静触点向动触点靠近，在双金属片冷却后动触点也返回，这种方式为________（A. 自动复位　B. 手动复位）方式。如将复位螺钉旋出，触点不能自动复位，可使用手动复位方式。在手动复位方式下，需在双金属片恢复原状时按下复位按钮才能使触点复位。

3. 热继电器的型号含义及技术数据

常用 JR36 系列热继电器的型号含义如下：

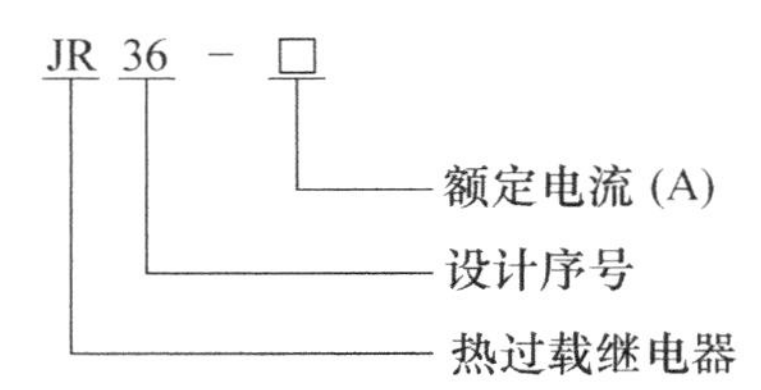

JR36 系列热继电器是在 JR16B 系列上改进设计的，是 JR16B 系列的替代产品，其外形尺寸和安装尺寸与 JR16B 系列完全一致。具有断相保护、温度补偿、自动与手动复位功能，动作可靠，适用于交流 50Hz，电压至 660V（或 690V），电流 0.25～160A 的电路中，对长期或间断长期工作的交流电动机作过载与断相保护。该产品可与 CJT1 接触器组成 QC36 型的电磁启动器。

4. 热继电器的选用

选择热继电器时，主要根据所保护电动机的额定电流来确定热继电器的规格和热元件的电流等级。

1）根据电动机的额定电流选择热继电器的规格。一般应使热继电器的额定电流略大于电动机的额定电流。

2）根据需要的整定电流值选择热元件的编号和电流等级。一般情况下，热元件的整定电流为电动机额定电流的 0.95～1.05 倍。

3）根据电动机定子绕组的连接方式选择热继电器的结构形式，即定子绕组作Y联结的电动机选用普通三相结构的热继电器，而作△联结的电动机应选用三相结构带断相保护装置的热继电器。

活动二　识读 CA6140 车床电气原理图

能力目标

1）识读 CA6140 车床电气原理图，能识别电气原理图中的各元器件符号，对于主电路、控制电路和照明指示灯电路，能进行简要分析。

2）能识读安装图、接线图，明确安装要求，确定各元器件的安装位置。

活动地点

普通机床学习工作站。

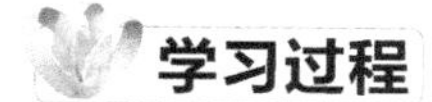

你要掌握以下资讯与决策，
才能顺利完成任务

一、观察电气原理图

观察并分析 CA6140 车床电气原理图，如图 1-34 所示。

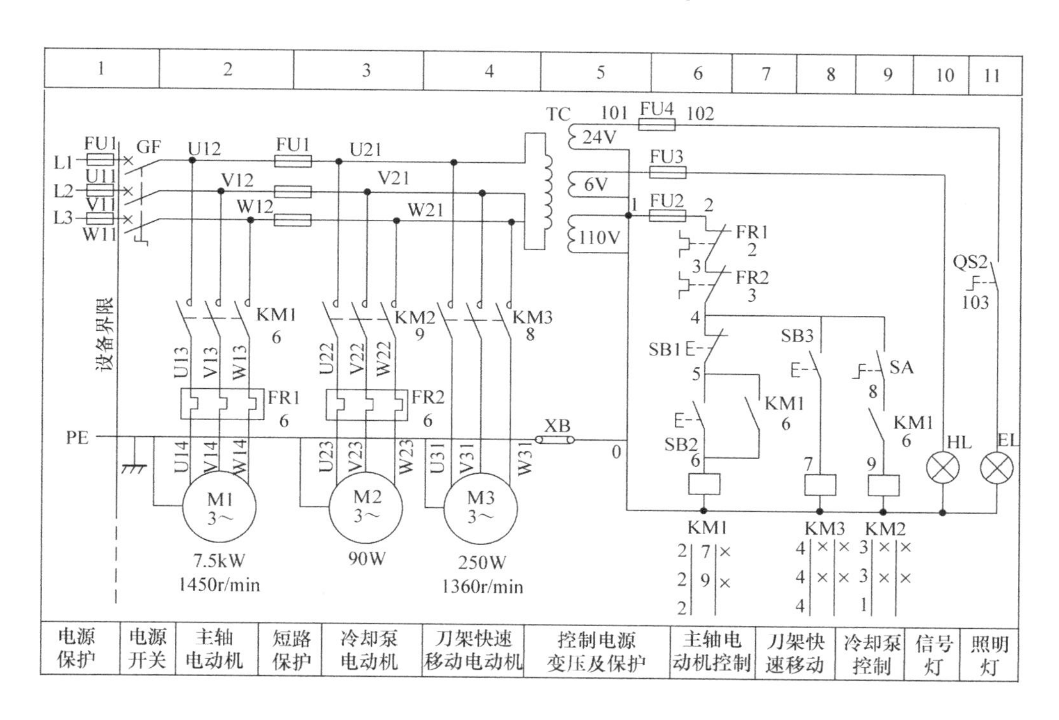

图 1-34　CA6140 车床电气原理图

二、读图

在 CA6140 车床电气原理图中找出认识的电气符号，补全表 1-5。

表 1-5　电气元件符号

序号	文字符号	符号	元器件名称	数量
1	FU		熔断器	9 个
2	SB2 SB3		按钮（常开）	2 个
	SB1			
	FR1 FR2			
	QS1 QS2			
			交流接触器	

（续）

序号	文字符号	符号	元器件名称	数量
	SA			
			信号灯	
			照明灯	
	XB			
	TC			
	M 3～			

小提示

电气原理图是根据生产机械运动形式对电气控制系统的要求，采用国家统一规定的电气图形符号和文字符号，按照电气设备和电器的工作顺序排列，全面表示控制装置、电路的基本构成和连接关系，而不考虑实际位置的一种图形，它能全面表达电气设备的用途、工作原理，是设备电气线路安装、调试及维修的依据。

在电气原理图中，电器元件不画实际的外形图，而采用国家统一规定的电气符号表示。电气符号包括图形符号和文字符号。电器元件的图形符号是用来表示电器设备、电器元器件的图形标记，电器元件的文字符号是在相对应的图形符号旁标注的文字，用来区分不同的电器设备、电器元器件或区分多个同类设备、电器元器件。电气符号按国家标准（如国家标准 GB/T 4728. 1—2005《电气简图用图形符号 第一部分：一般要求》）绘制。

电气控制原理图（又称为电路图），一般分为电源电路、主电路和辅助电路三部分。

电源电路水平画出，三相交流电源相序 L1、L2、L3 自上而下画出，如有中性线 N 和保护线 PE 则依次画在相线之下，直流电源自上而下画“＋”“－”。电源开关要水平画出。

主电路是电气控制电路中大电流通过的部分，是电源向负载提供电能的电路，它主要由熔断器、接触器的主触点、热继电器的热元件，以及电动机等组成。

辅助电路一般包括控制主电路工作状态的控制电路，显示主电路工作状态的指示电路，提供设备局部照明的照明电路等。一般由主令电器的触点、接触器的线圈和辅助触点、继电器的线圈和触点、指示灯及照明灯等组成。通常，辅助电路通过的电流较小，一般不超过 5A。

绘制、识读电气原理图应遵循的规则如下：

1）电路图中主电路画在图的左侧，其连接线路用粗实线绘制；控制电路画在图的右侧，其连接线路用细实线绘制。

2）所使用的各电器元件必须按照国家规定的统一标准的图形符号和文字符号进行绘制

和标注。

3）各电器元件的导电部件（如线圈和触点）的位置，应依据便于阅读和分析的原则来安排，绘制在它们完成作用的地方，例如，接触器、继电器的线圈和触点可以不画在一起。

4）所有电器元件的触点符号都应按照没有通电时或没有外力作用下的原始状态绘制。

5）电气原理图中，有直接联系的交叉导线连接点要用黑圆点表示；无直接联系的交叉导线连接点不画黑圆点。

6）图面应标注出各功能区域和检索区域。

7）根据需要，可在电路图中各接触器或继电器线圈的下方，绘制出所对应的触点所在位置的位置符号图。

想一想

1）电气原理图一般由哪几部分组成？请描述，并从图 1-34 中把它们圈出来，做好标记。

2）电气原理图中，上方方框内的数字和下方方框内的文字，分别表示什么含义？

小提示

机床电气原理图所包含的电器元件和电气设备等符号较多，要正确绘制和阅读机床电气原理图，除绘制电气原理图应遵循的一般原则之外，还要对整张图样进行划分和注明各分支电路的用途及接触器、继电器等的线圈与其触点所在的位置。

1. 图上位置的表示方法

对元件在图上的位置可采用图幅分区法、电路编号法等表示方法。下文将介绍图幅分区法和电路编号法。

（1）图幅分区法　图幅分区法是将图样相互垂直的两对边各自加以等分，每条边必须等分为偶数。横向用大写字母 A，B，C，…依次编号，纵向用阿拉伯数字 1，2，3，…依次编号，编号的顺序应从标题栏相对左上角开始。每个符号或元件在图中的位置可以用代表行的字母、代表列的数字或代表区域的字母数字组合来标记，如 B 行、3 列或 B3 区等。电气原理图中，各分支电路的功能一般放在图样幅面上部的框内。图幅分区法示意图如图 1-35 所示。

（2）电路编号法　机床电气原理图使用电路编号法较为广泛。对电路或分支电路采用数字编号来表示其位置的方法称为电路编号法。编号的原则是从左到右顺序排列，每一编号

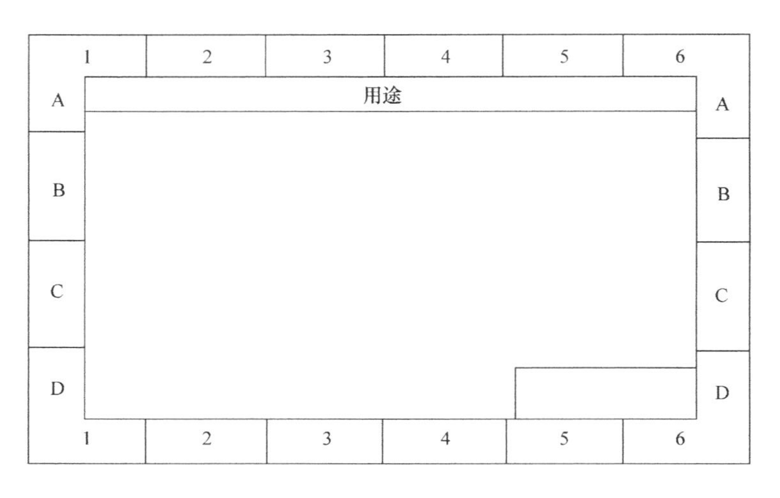

图 1-35 图幅分区法示意图

代表一条支路或电路。各编号所对应的电路功能用文字表示，一般放在图面下部的框内。图 1-34 所示的车床电路图就使用了电路编号法，即分成了 11 列支路。

2. 表格

在电气原理图中，同一元器件的各部分分散在图样中不同的部位，如接触器、继电器等，只是标上相同的文字符号。为了较迅速查找同一元器件的所有部分，可以采用表格进行标注。

（1）接触器的表格表示方法　在每个接触器线圈的文字符号 KM 的下面画两条竖直线，分成左、中、右三栏，把受其控制而动作的触点所处的图列，用数字标注在左、中、右三栏内。对备而未用的触点，在相应的栏中用记号“×”标出，见表 1-6。

表 1-6 接触器的表格表示方法

栏目	左栏	中栏	右栏
触点类型	主触点所处的图区号	辅助触点常开所处的图区号	辅助触点常闭所处的图区号
举例 KM1 2 | 7 | × 2 | 9 | × 2 | | ×	表示 3 对主触点均在图区 2	表示一对辅助触点在图区 7，另一对辅助触点在图区 9	表示两对常闭辅助触点未用

（2）继电器的表格表示方法　在每个继电器线圈的文字符号 K 的下面画一条竖直线，分成左、右两栏，把受其控制而动作的触点所处的图列，用数字标注在左、右两栏内。对备而未用的触点，在相应的栏中用记号“×”标出，有时对备而未用的触点也可以不标出，见表 1-7。

表 1-7 继电器的表格表示方法

栏目	左　栏	右　栏
触点类型	动合触点所在图列	动断触点所在图列
举例 K 5 | 6 8 | 9	表示一对动合触点在图列 5，另一对动合触点在图列 8	表示一对动断触点在图列 6，另一对动断触点在图列 9

电路图中，触点文字符号下面用数字表示该电器线圈所处的图区号。图 1-34 所示电路图中，在图区 2 中有“$\frac{\text{KM1}}{6}$”，表示中间继电器 KM1 的线圈在图区 6。

活动过程

一、分析常见简单电气原理图

1）图 1-36 所示是最简单的电动机点动控制线路的原理图，结合所学的电路图识读知识，分析其工作原理，回答以下问题。

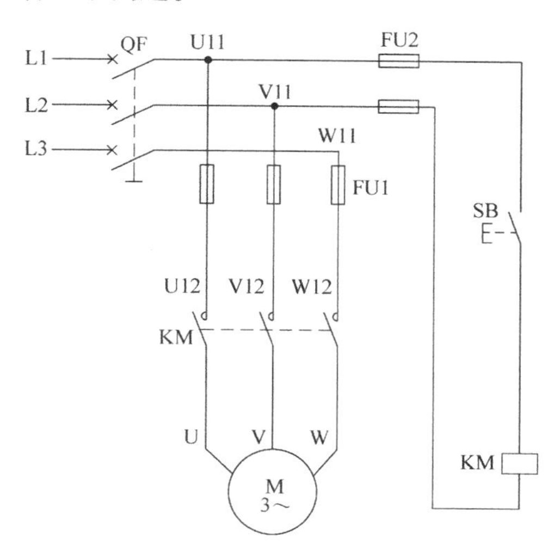

图 1-36　电动机点动控制线路

① 在图中分别圈出主电路和控制电路。

② 找出图中有哪些元器件，列出它们的名称。

____

____

____

③ 分析电路工作原理，简要描述它的控制功能。举例说明它在日常生活中的应用。

____

____

____

____

④ 在 CA6140 卧式车床的电气原理图中有这样功能的线路吗？请找一找，说明它控制的是什么？

____

____

____

2）图 1-37 所示是电动机单方向连续运行控制线路的原理图。电动机单方向连续运行是电气线路中最基本的控制方式之一，该电路较前一线路更为复杂一些，识读电路图，回答以下问题。

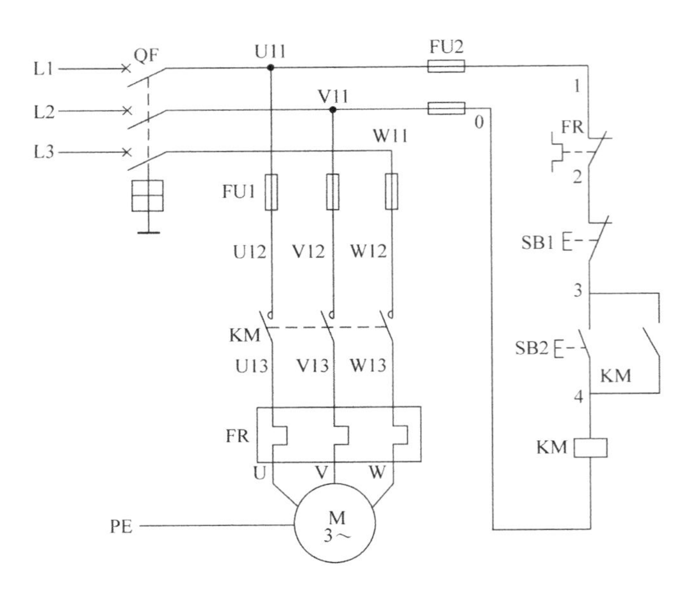

图 1-37 电动机单方向连续运行控制线路

① 识读图中各元件的名称，分别列出并标出数量。

②与 SB2 并联的热继电器 KM 起什么作用？简要描述线路的工作过程。

③ FR 在线路起什么作用？试描述它的动作原理。

④ 在 CA6140 卧式车床的电气原理图中有类似功能的线路吗？请找一找，并说明它控制的是什么？

知识拓展

除了电气原理图中的方法外，还可以用其他方法实现顺序控制，分析以下电路所示的几种方式，简要说明它们的工作过程，对比其异同。

1）主电路实现顺序控制，如图 1-38 所示。

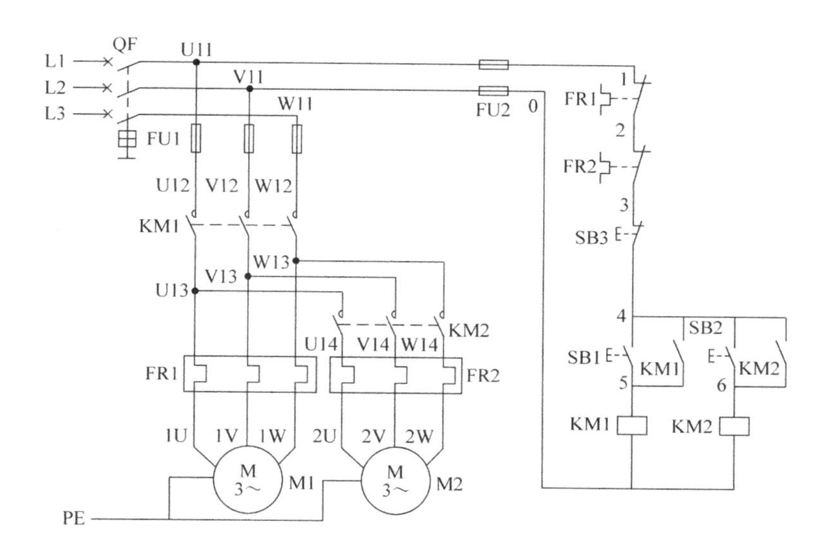

图 1-38　主电路实现顺序控制

2）控制电路实现顺序控制，如图 1-39 所示。

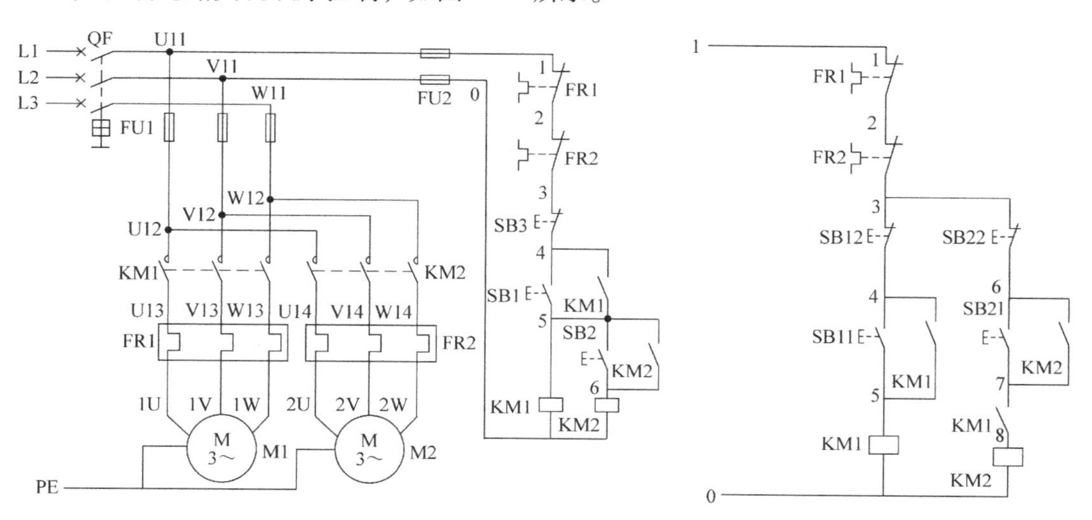

图 1-39　控制电路实现顺序控制

二、分析 CA6140 车床电气原理图

1. 主电路分析

1）CA6140 车床的电气控制线路中共有三台电动机，M1 为________电动机，带动主轴旋转和刀架作进给运动；M2 为________电动机，用以输送切削液；M3 为________电动机，用以拖动刀架快速移动。

2）根据原理图，填写三台电动机的控制及保护，补充完整表 1-8。

表 1-8 三台电动机的控制及保护

名称及代号	作用	控制电器	过载保护电器	短路保护电器
主轴电动机 M1	带动主轴旋转和刀架作进给运动	接触器 KM	热继电器 FR1	熔断器 FU
冷却泵电动机 M2	供应切削液			
快速移动电动机 M3	拖动刀架快速移动			

2. 控制电路分析

（1）主轴电动机 M1 的控制　M1 启动过程如下：

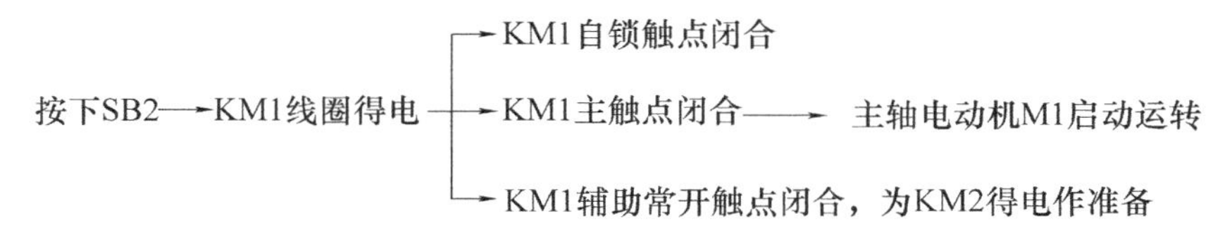

M1 停止过程如下：

按下 SB1→KM1 线圈失电→KM1 触点复位断开→M1 失电停转

（2）冷却泵电动机 M2 的控制　主轴电动机 M1 和冷却泵电动机 M2 在控制电路中实现顺序控制，只有当主轴电动机 M1 启动后，KM1 的常开触点闭合，合上旋钮开关 SA，交流接触器 KM2 吸合，冷却泵电动机 M2 才能启动。当 M1 停止运行或断开旋钮开关 SA 时，M2 停止运行。

（3）快速移动电动机 M3 的控制　快速移动电动机 M3 的启动是由安装在进给操作手柄顶端的按钮 SB3 控制的，它与交流接触器 KM3 组成点动控制环节。将操作手柄扳到所需移动的方向，按下 SB3，KM3 得电吸合，电动机 M3 启动运转，刀架沿指定的方向快速移动。快速移动电动机 M3 仅短时间工作，故未设过载保护。

3. 照明与信号电路分析

控制变压器 TC 的二次侧输出 24V 和 6V 电压，分别作为车床低压照明和指示灯的电源。EL 为车床的低压照明灯，由开关 QS 控制，FU4 作短路保护；HL 为电源指示灯，FU3 作短路保护。

4. 电路工作原理分析

根据原理图，对照上述控制要求，分析电路的工作原理，理解电路中是如何实现上述要求的。参照给定实例，完成表 1-9。

表 1-9 CA6140 车床的工作原理简要分析

序号	被控对象	控制电路：交流接触器	简述工作原理
1	主轴电动机 M1	KM1	按下 SB3→KM1 自锁→M1 运转→液压泵开始工作；按下 SB2→KM1 失电→M1 停转→液压泵停止工作
2	冷却泵电动机 M2		
3	快速移动电动机 M3		

三、电器布置图与电器安装接线图

1. 电器布置图

电器布置图主要用来表明电气系统中所有电器元件的实际位置，为生产机械电气控制设备的制造、安装提供必要的资料。一般情况下，电器布置图是与电器元件安装接线图组合在一起使用的，既起到电器元件安装接线图的作用，又能清晰表示出所使用的电气元件的实际安装位置，如图 1-40 所示。

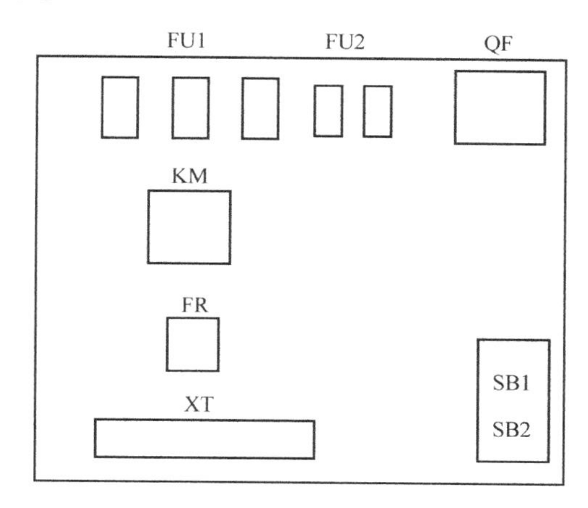

图 1-40　单向运转控制电器布置图

2. 电器布置图的绘制规则

1）体积大和较重的电器元件应安装在电器板的下面，而发热元件应安装在电器板的上面。

2）强电弱电分开并注意屏蔽，防止外界干扰。

3）电器元件的布置应考虑整齐、美观、对称。外形尺寸与结构类似的电器元件安放在一起，以利于加工、安装和配线。

4）需要经常维护、检修、调整的电器元件安装位置不宜过高或过低。

5）电器元件布置不宜过密，若采用板前走线槽配线方式，应适当加大各排电器间距，以利于布线和维护。

3. 电器安装接线图

电器安装接线图是用规定的图形符号，按各电器元件相对位置绘制的实际接线图。所表示的是各电器元件的相对位置和它们之间的电路连接状况。在绘制时，不但要画出控制柜内部各电器元件之间的连接方式，还要画出外部相关电器的连接方式，如图 1-41 所示。

电器安装接线图中的回路标号是电器设备之间、电器元件之间、导线与导线之间的连接标记，其文字符号和数字符号应与原理图中的标号一致。

电器安装接线图的绘制规则：

1）各电器元件用规定的图形符号绘制，同一电器元件的各部件必须画在一起。各电器元件在图中的位置应与实际的安装位置一致。

2）不在同一控制柜或配电屏上的电器元件的电气连接必须通过端子排进行连接。各电器元件的文字符号及端子排的编号应与原理图一致，并按原理图的连线进行连接。

3）走向相同的多根导线可用单线表示。

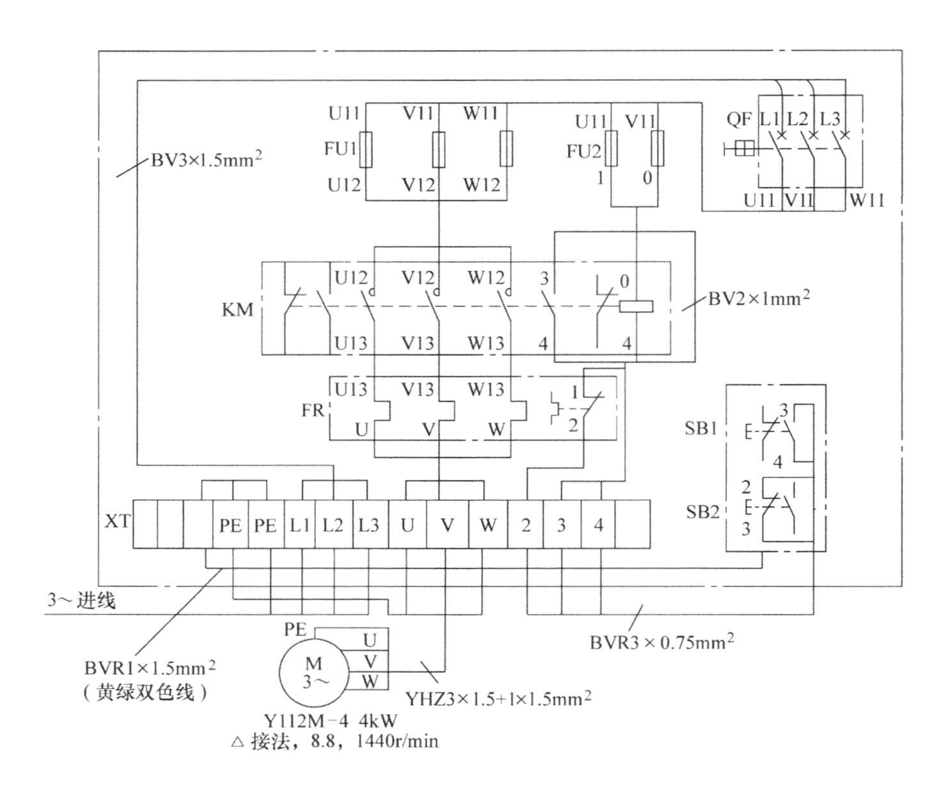

图 1-41 单向运转控制电路安装接线图

4. 电器元件明细表

电器元件明细表是把成套装置、设备中的各组成元件（包括电动机）的名称、型号、规格、数量列成表格，供准备材料及维修使用。

想一想

请绘制出 CA6140 车床的电器布置图。

活动三　撰写 CA6140 车床电气控制线路的安装与调试方案

能力目标

1）常用电工工具的使用方法和技巧。
2）万用表的使用。
3）CA6140 车床的安装步骤及工艺要求。
4）根据工作任务的要求，制定工作计划，列举元器件和材料清单。

活动地点

普通机床学习工作站。

学习过程

你要掌握以下资讯与决策，才能顺利完成任务

一、认识电工常用工具

想一想

1）你认识图片表示的这些工具吗？试填写如图 1-42 所示工具的名称。

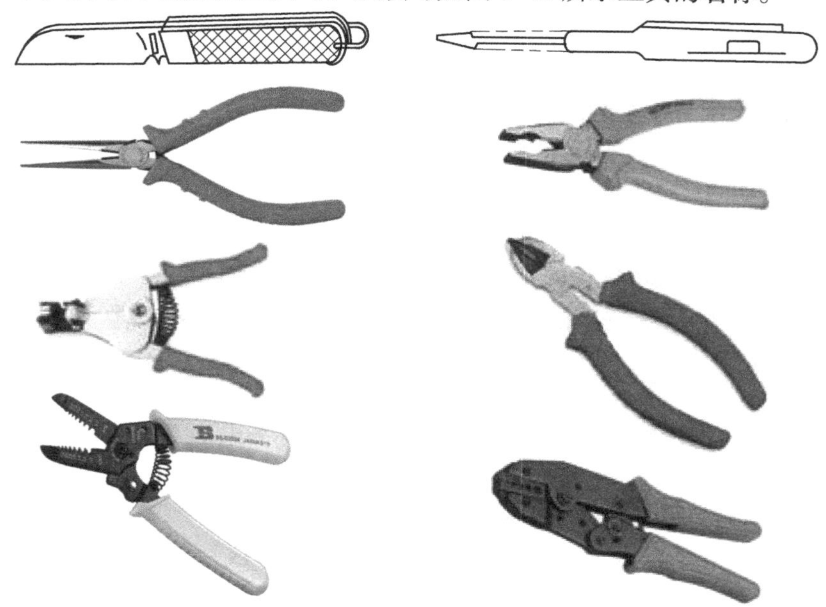

图 1-42　各种常用电工工具

2）看看你手中的电工刀，阅读小提示，将使用它的注意事项摘抄下来。

3）低压验电器的用途是什么？形式有哪些（参考下文小提示）？

4）判断图 1-43 所示验电器的使用方法正确与否，在正确的下面打“√”，错误的打“×”。

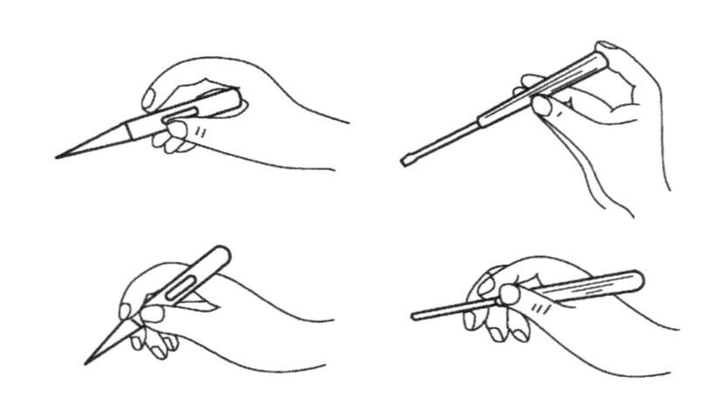

图 1-43 验电器的使用方法

1. 电工刀

电工刀是用来剖削导线绝缘层、切割导线的电工常用工具。使用电工刀时，要注意以下安全内容：

1）使用电工刀时，应注意避免伤手。

2）电工刀用毕，随即将刀身折进刀柄。

3）电工刀刀柄是无绝缘保护的，不能在带电导线或器材上剖削，以免触电。

4）电工刀使用时，应将刀口朝外剖削，剖削导线绝缘层时，应使刀面与导线成小于 30°的锐角，以免割伤导线。

2. 试电笔

（1）验电笔的结构 维修电工使用的低压验电笔又称测电笔（简称电笔）。验电笔有钢笔式和螺钉旋具式两种，它们由氖管、电阻、弹簧和笔身等组成，如图 1-44 所示。

（2）功能及使用 低压验电器还有如下几个用途：

1）在 220V/380V 三相四线制系统中，可检查系统故障或三相负荷不平衡。不管是相间短路、单相接地、相线断线、三相负荷不平衡，中性线上均出现电压，若验电笔灯亮，则证明系统故障或负荷严重不平衡。

2）检查相线接地。在三相三线制系统（Y联结）中，用验电笔分别触及三相时，发现氖灯二相较亮，一相较暗，表明灯光暗的一相有接地现象。

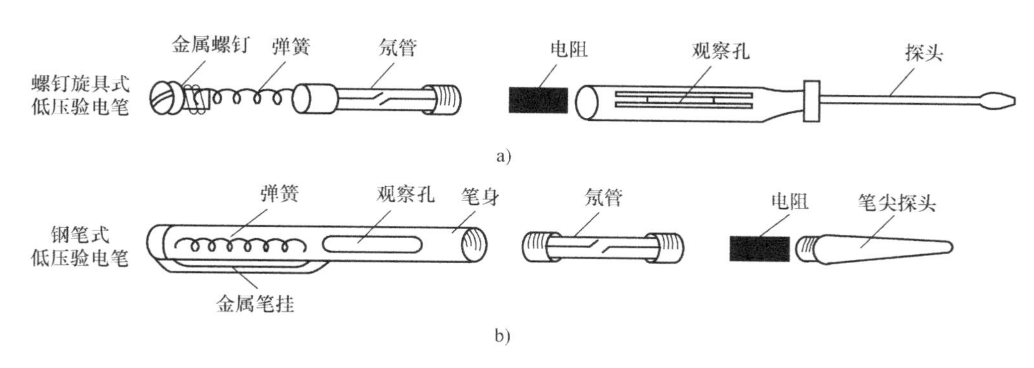

图 1-44　验电笔的结构

3）用以检查设备外壳漏电。当电气设备的外壳（如电动机、变压器）有漏电现象时，则验电笔氖灯发亮；如果外壳原是接地的，氖灯发亮，则表明接地保护断线或有其他故障（接地良好时氖灯不亮）。

4）用以检查电路接触不良。当发现氖灯闪烁时，表明回路接头接触不良或松动，或是两个不同电气系统相互干扰。

5）用以区分直流、交流及直流电的正负极。验电笔通过交流电时，氖灯的两个电极同时发亮。验电笔通过直流电时，氖灯的两个电极中只有一个发亮。这是因为交流正负极交变，而直流正负极不变形成的。把验电笔连接在直流电的正负极之间，氖灯亮的那端为负极。人站在地上，用验电笔触及正极或负极，氖灯不亮，证明直流不接地；否则，直流接地。

（3）使用注意事项　在使用中要防止金属体笔尖触及皮肤，以避免触电，同时也要防止金属体笔尖处引起短路事故。验电笔只能用于 220V/380V 系统。验电笔使用前须在有电设备上验证其是否良好。

注意手指必须接触笔尾的金属体（钢笔式）或测电笔顶部的金属螺钉（螺钉旋具式）。这样，只要带电体与大地之间的电位差超过 70V 时，验电笔中的氖泡就会发光。

想一想

1）观察你所领取的螺钉旋具，描述它的规格。

____

____

2）阅读小提示，摘抄螺钉旋具使用注意事项。

____

____

____

小提示

螺钉旋具的用途是用来紧固或拆卸螺钉。

螺钉旋具的规格有很多，按头部形状不同可分为一字形和十字形两种，如图 1-45 所示。

一字螺钉旋具常用的规格有 50mm、100mm、150mm 和 200mm 等，电工必备的是 50mm

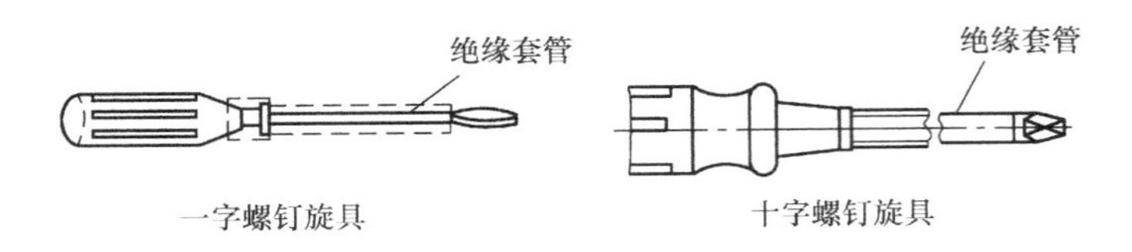

图 1-45 螺钉旋具

和 150mm 两种。十字螺钉旋具专供紧固或拆卸十字槽的螺钉，常用的规格有 Ⅰ ~ Ⅳ号 4 种，分别适用于直径为 2 ~ 2.5mm、3 ~ 5mm、6 ~ 8mm 和 10 ~ 12mm 的螺钉。

按握柄材料不同，螺钉旋具又可分为木柄和塑料柄两种。

使用螺钉旋具时，要注意以下 3 点，你在使用过程中都注意到了吗？你能按照要求做到安全操作吗？

1）带电作业时，手不可触及螺钉旋具的金属杆，以免发生触电事故。

2）作为电工，不应使用金属杆直通握柄顶部的螺钉旋具。

3）为防止金属杆触到人体或邻近带电体，金属杆应套上绝缘管。

想一想

1）钢丝钳的钳柄有铁柄和绝缘柄两种，绝缘柄为电工用钢丝钳，常用的规格有________、________、________ 3 种。

2）尖嘴钳因其头部尖细，适用于在狭小的工作空间操作。尖嘴钳也有________柄和绝缘柄两种，绝缘柄的耐压为________ V。

3）尖嘴钳的用途有哪些？

____

____

4）在使用尖嘴钳时，有哪些注意事项？

____

____

5）斜口钳的钳柄有铁柄、管柄和绝缘柄 3 种形式。绝缘柄的耐压为________ V。其特点是剪切口与钳柄成一定角度。对________不同、________不同的材料，应选用大小合适的斜口钳。

6）剥线钳是专用于剥离较细小导线________的工具。它的手柄是绝缘的，耐压为________ V。使用剥线钳剥离导线绝缘层时，先将要剥离的绝缘长度用标尺定好，然后将________放入相应的刃口中（比导线直径稍大），再用手将钳柄一握，导线的绝缘层即被剥离，并自动弹出。

7）剥线钳的特点是使用方便，剥离绝缘层不伤线芯，适用于芯线横截面积为________以下的绝缘导线。

小提示

电工钢丝钳的构造和用途：钢丝钳在电工作业时，用途广泛。电工钢丝钳由钳头和钳柄两部分组成，钳头由钳口、齿口、刀口和铡口 4 部分组成。钳口用来弯绞和钳夹导线线头；

齿口用来紧固或起松螺母；刀口用来剪切导线或剖削软导线绝缘层；铡口用来铡切电线线芯、钢丝或铅丝等较硬金属。其构造及用途如图 1-46 所示。

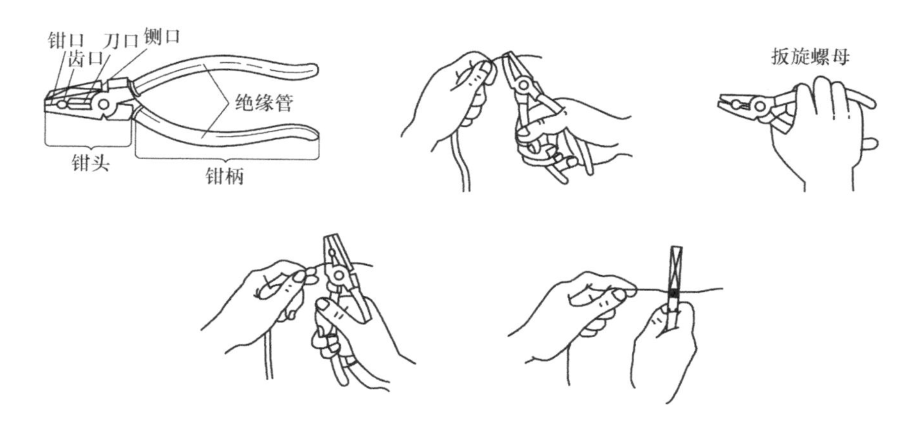

图 1-46　钢丝钳的构造及用途

在使用钢丝钳时，有以下的注意事项。你能按照要求做到安全操作吗？

1）使用前，检查钢丝钳绝缘是否良好，以免带电作业时造成触电事故。

2）在带电剪切导线时，不得用刀口同时剪切不同电位的两根线（如相线与零线、相线与相线等），以免发生短路事故。

二、万用表的使用

1. 认识万用表

写出如图 1-47 所示仪表的名称。

图 1-47　万用表

2. 指针式万用表

下面以普及率比较高的 MF－47 型指针式万用表（图 1-48）为例介绍其使用方法。

想一想

完成下文空缺的部分。

（1）安装________　万用表在使用前，需要安装电池，否则无法使用其中的电阻档位（但仍能测量电压和电流）。翻转万用表，在其背面可以看见电池盖，用螺钉旋具拆下电池

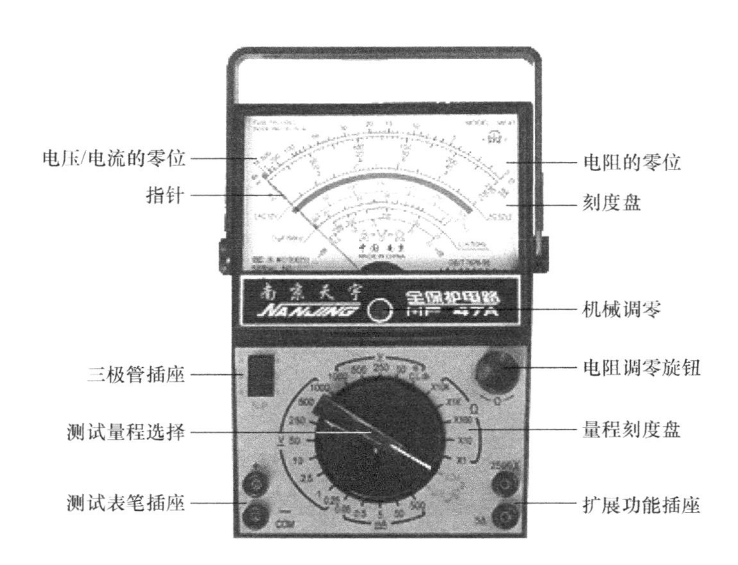

图 1-48　MF－47 型指针式万用表

盖，把两种不同的电池安装上去，其中，9V 高压电池用于 10k 欧姆档测量高阻值（如果不装 9V 电池仅是 10k 欧姆档不能使用）。1.5V 电池必须安装，然后盖上盖子，拧紧螺钉，如图 1-49 所示。

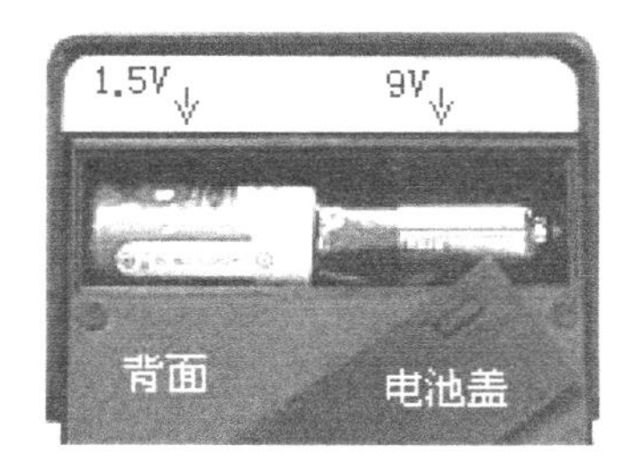

图 1-49　万用表电池

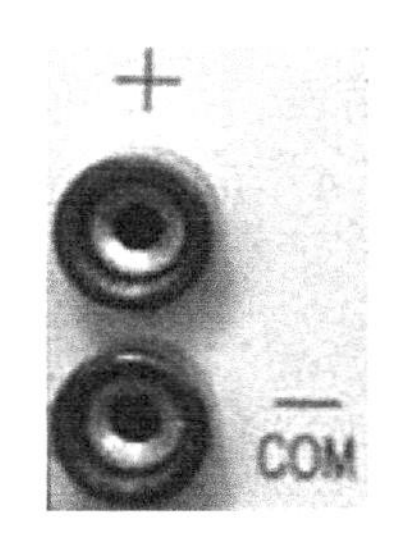

图 1-50　万用表测试笔插孔

（2）机械________　万用表在出厂时一般已经完成了机械调零，即在待用状态下，万用表的指针刚好指着最左边的“0”刻度位置。但是在运输、携带、撞击等情况下，指针有可能偏移了“0”刻度位置。发现这种情况就要进行“调零”，把指针调回到最左边的“0”刻度位置，称为机械调零，方法是在万用表刻度盘的正下方有一个小螺钉状旋钮，用螺钉旋具旋转这个调零旋钮即可使指针回零。

（3）安装________　万用表有两根测试表笔，一根红色一根黑色，分别插到万用表的相应插孔（图 1-50）中，红色表笔插在“＋”端插孔，黑色表笔插在“COM”端或者标有“－”的插孔，不能插错。

图 1-51　万用表的测量项目和量程选择开关

（4）项目和量程　MF－47 型指针式万用表的测量项目和量程选择开关如图 1-51 所示。由图可见，测量项目总共有 5 个，即能测量 5 种不同的电量，具体如下：

1）测量交流电压：在面板上用“$\underset{\sim}{V}$”表示，总共有________V、________V、250V、________V、________V 共 5 个量程，最大能测量交流电压________V，如果需要测量 1000～2500V 的高压，可以将________（A. 红色　B. 黑色）表笔插到万用表的“2500V”插孔。该型号万用表严禁直接测量 2500V 以上电压。此外，交流 10V 档兼做测量分贝值的档位。

2）测量直流电压：在面板上用“$\underline{\underline{V}}$”表示，总共有________V、________V、2.5V、________V、________V、________V、500V、1000V 共 8 个量程，最大能测量直流电压 1000V，如果需要测量 1000～2500V 的高压，可以将红色表笔插到万用表的“2500V”插孔。

3）测量电阻：在面板上用“Ω”表示，总共有________、________、×100、×1k、________共 5 个量程，考虑到读数刻度盘的精度，一般只能测试 2MΩ 以下电阻，如果需要测量更高阻值，需要使用兆欧表。

4）测量直流电流：在面板上用“$\underline{\underline{mA}}$”表示，总共有________mA、0.5mA、5mA、50mA、________mA 共 5 个量程，最大能测量直流电流 500mA，如果需要测量 500mA～5A 的大电流，可以将________（A. 红色　B. 黑色）表笔插到万用表的“5A”插孔。该型号万用表严禁直接测量 5A 以上电流。

5）测量三极管放大性能：在面板上用一个三极管的符号表示，总共有 hFE 和 ADJ 这 2 个量程。

（5）读数基本方法　MF－47 型指针式万用表的读数刻度盘如图 1-52 所示，其中分贝值的测量因为不常用而不做介绍。

1）电阻值的读数。电阻值的刻度位于刻度盘的最上层，用“Ω”表示，测量电阻值时只需要看最上层刻度即可，在待测状态，指针停在最左边，此时读数为无穷大，用符号“∞”表示，实际测量电阻时，指针会向右发生偏转，偏转的摆幅________（A. 越大　B. 越小）说明电阻值越小，若摆到最右边指着“0”的位置，表示电阻值 $R=$________（A. 0　B. ∞），即短路（直接连通）状态。

2）电压或电流的读数。电压或电流的刻度位于刻度盘的第二层，平均分成 5 个等分。在待测状态，指针停在最左边，此时读数为“0”，表示没有检测到电压或者电流。实际测量时，指针会向右发生偏转，偏转的摆幅越大说明电压（电流）的数值________（A. 越大　B. 越小）。值得留意的是：电阻刻度是不均匀的，而电压（电流）刻度是均匀的，且两个刻度数值方向相反。

不管是测量电压、电流还是电阻，在测量时均要避免让手接触到被测电路。

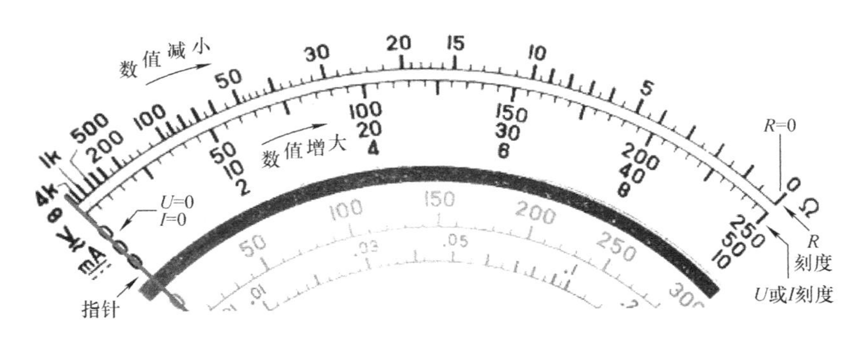

图 1-52 万用表表盘

小提示

基本电量的测量方法如下：

（1）测直流电压 先确定待测的电压是直流而不是交流，电池、电子电路上的测量多数为直流电压，电网的电压、变压器输出的电压为交流电压。确定是直流电压后，按以下步骤测量。

1）确定量程：估算待测电压的数值，选择比估算值大一个级别的量程。例如，测量一个普通干电池的电压时，应先知道干电池一般电压为 1.5V（充电电池多为 1.2V），则应该选择 2.5V 量程，不能选择 1V 的量程，后者容易损坏万用表，但也不宜选择过大量程，如用 10V 档测量干电池，摆幅太小（约十分之一），增加了读数的误差。如果无法确定待测电压的数值范围，则从万用表的最高量程开始测试，然后逐步降低量程至合适档位，合适档位一般会使指针摆幅落在二分之一至三分之二的满刻度之间。

2）操作方法：直流电压是有极性之分的，测量时，红表笔必须接在高电位，黑表笔接低电位，这时万用表与被测电路属并联关系。例如，测量干电池，红表笔连接电池正极，黑表笔连接电池负极，一旦接反，指针将由“0”位向左偏转，严重时会损坏万用表。若无法确定待测试两点之间电位的高低，则将万用表调到较大量程（1000V 或 250V 档）再测试，若发现指针左偏说明接法错误，调换表笔并选择合适量程重新测量即可。

3）读数方法：仔细观察电压（电流）的刻度，会发现共有三行数据标识，这三行的满刻度分别为 10、50、250。若选择的量程为 1V、10V、1000V，可以从满刻度为“10”的数据行中快速得出电压值，这时每小格的间距为“0.2”；若选择的量程为 50V、500V，可以从满刻度为“50”的数据行中快速得出电压值，这时每小格的间距为“1”；若选择的量程为 0.25V、2.5V、250V，可以从满刻度为“250”的数据行中快速得出电压值，这时每小格的间距为“5”。

（2）测交流电压 如果确定待测的电压是交流而不是直流，则在交流电压档位中选择合适的量程，具体方法与直流电压的测量相似，不同的是交流电压的测量不分方向，两支表笔可以任意连接两个测试点。

测量电压时，将万用表本身电阻看作无穷大，因此万用表并联到电路上对电路的影响很小，一般忽略不计（将万用表看作开路线）。

（3）电流的测量　实际应用中，用万用表测量电流的情况并不经常发生，原因是测量电流时万用表必须与电路串联，即需要切断原来的待测电路将万用表串联进去，这在很多时候会损害电路。正因为测量电流时仪表与电路串联，所以此时万用表的内阻必须很小，一般也忽略不计（将万用表看作短路线）。具体测量方法与直流电压的测量类似，也是先估算实际电流数值，然后选择稍大的量程，同样要注意红表笔接高电位，让待测电流从红表笔流入万用表，再从黑表笔流出。

（4）电阻的测量　电阻的测量与电压测量主要存在以下区别：

1）测量电阻时，表笔不用区分颜色，因为电阻无方向性（用电阻档测量半导体器件时例外）。

2）每次测量电阻前要进行电阻调零，方法是将两支表笔短接在一起，如图 1-53 所示，这时的短路电阻应该为零，即指针要摆到最右边指着“0”位。否则调节刻度盘右下角的“电阻调零旋钮”使之为零，这个步骤在每次测量电阻时都要进行。

3）电阻的量程上标注的不是“满刻度值”，而是倍乘率，例如“×10”档，表示实际电阻值 = 指针所指数值×10。

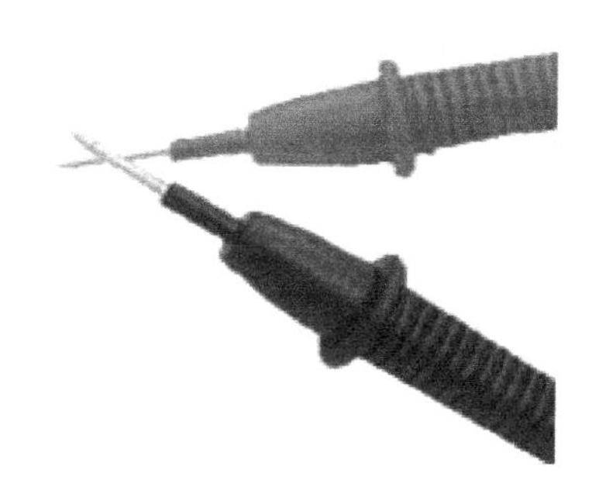

图 1-53　万用表表笔

活动过程

一、CA6140 车床的安装步骤及工艺要求

第一步：选配并检验元件和电气设备。

1）按电器元件明细表配齐电气设备和元件，并逐个检验其规格和质量。

2）根据电动机的容量、线路走向及要求和各元件的安装尺寸，正确选配导线的规格、导线通道类型和数量、接线端子板、控制板、紧固件等。

第二步：在控制板上固定电器元件和板前明线布线和套编码套管，并在电器元件附近做好与电路图上相同代号的标记。

第三步：在控制板上进行板前明线布线，并在导线端部套编码套管。

第四步：安装电动机。

第五步：连接电动机和按钮金属外壳的保护接地线，以及电源、电动机等控制板外部的导线。

第六步：自检。

1）根据电路图检查电路的接线是否正确和接地通道是否具有连续性。

2）检查热继电器的整定值和熔断器中熔体的规格是否符合要求。

3）检查电动机及线路的绝缘电阻。

4）检查电动机的安装是否牢固，与生产机械传动装置的连接是否可靠。

5）清理安装现场。

第七步：通电试车。

1）接通电源，点动控制各电动机的启动，以检查各电动机的转向是否符合要求。

2）先空载试车，正常后方可接上电动机试车。空载试车时，应认真观察各电器元件、线路、电动机及传动装置的工作是否正常。发现异常，应立即切断电源进行检查，待调整或修复后方可再次通电试车。

二、CA6140 车床的工艺要求

1. 安装工艺要求

1）接触器的安装应垂直于安装面，安装孔用螺钉应加弹簧垫圈和平垫圈。安装倾斜度不能超过5°，否则会影响接触器的动作。接触器散热孔垂直向上，四周留有适当空间。安装和接线时，注意不要将螺钉、螺母或线头等杂物落入接触器内部，以防人为造成接触器不能正常工作或烧毁。

2）按布置图在控制板上安装电器元件，断路器、熔断器的受电端子应安装在控制板的外侧，并确保熔断器的受电端为底座的中心端。

3）各元件的安装位置应整齐、均匀，间距合理，便于元件的更换。

4）紧固各元件时，用力要均匀，紧固程度适当。在紧固熔断器、接触器等易碎元件时，应该用手按住元件一边轻轻摇动，一边用螺钉旋具轮换旋紧对角线上的螺钉，直到手摇不动后，再适当旋紧些即可。

2. 板前明线布线工艺要求

布线时，应符合平直、整齐、紧贴敷设面、走线合理及接点不得松动等要求。其原则如下：

1）布线通道要尽可能少，同路并行导线按主、控电路分类集中，单层密排，紧贴盘面布线。

2）同一平面的导线应高低一致或前后一致，不能交叉。非交叉不可时，该根导线应在接线端子引出时就水平架空跨越，且必须走线合理。

3）布线应横平竖直，分布均匀。变换走向时应垂直转向。

4）布线时，严禁损伤线芯和导线绝缘层。

5）布线顺序一般以接触器为中心，由里向外，由低至高，先控制电路、后主电路的顺序进行，以不妨碍后续布线为原则。

6）在每根剥去绝缘层导线的两端套上编码套管。所有从一个接线端子（或接线桩）到另一个接线端子（或接线桩）的导线必须连续，中间无接头。

7）导线与接线端子或接线桩连接时，不得压绝缘层、不反圈及不露铜过长。同一元件、同一回路的不同接点的导线间距离应保持一致。

8）一个电器元件接线端子上的连接导线不得多于两根，每节接线端子板上的连接导线一般只允许连接一根。

三、制订 CA6140 车床的安装与调试方案

根据工作任务的要求，制订工作计划，列举元器件和材料清单，完成表1-10。

表1-10　CA6140车床电气控制线路的安装与调试工作计划

人员分工

1）小组负责人：________

2）小组成员及分工

姓名	分　　工

工具及材料清单

序号	工具或材料名称	单位	数量	备注

工序及工期安排

序号	工作内容	完成时间	备　　注

（续）

<table>
<tr><td rowspan="5">工序及工期安排</td><td>序号</td><td>工作内容</td><td>完成时间</td><td>备　　注</td></tr>
<tr><td></td><td></td><td></td><td></td></tr>
<tr><td></td><td></td><td></td><td></td></tr>
<tr><td></td><td></td><td></td><td></td></tr>
<tr><td></td><td></td><td></td><td></td></tr>
<tr><td>安全防护措施</td><td colspan="4"></td></tr>
</table>

活动评价

1）以小组为单位，展示制订完成“CA6140车床电气控制线路的安装与调试工作计划”并列举完成工作任务所需的工具及材料清单，完成表1-11。

表1-11　评价表

组别	展示人	评价内容			综合表现排名
		工作计划质量	工具及材料清单	展示人表现	

参评人________

2）教师根据各组展示，分别作有的放矢的评价。

① 找出各组的优点点评。

② 针对展示过程中各组的缺点点评，指出改进方法。

③ 分析整个活动完成过程中出现的亮点和不足。

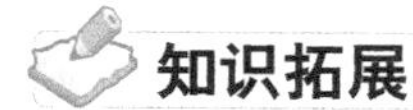

知识拓展

一、电动机的Y/△联结

1. 三相笼型异步电动机的结构

异步电动机由定子和转子两个基本部分组成。定子是固定部分，转子是转动部分。为了使转子能够在定子中自由转动，定子、转子之间有 0.2 ~ 2mm 的空气隙。图 1-54 所示是笼型异步电动机拆开后各个部件的形状。

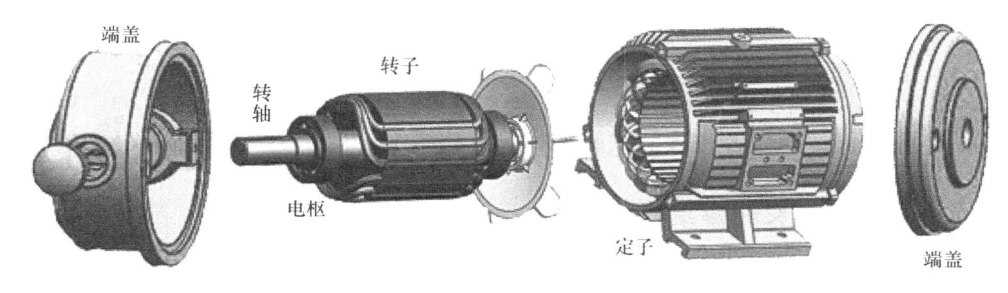

图 1-54 笼型异步电动机的部件

2. 三相笼型异步电动机的联结

电动机安装完毕以后，需要对电动机进行接线。电动机接线前，首先要用兆欧表检查其绝缘电阻。额定电压在 1kV 以下的，运行中的电动机，绝缘电阻不应低于 0.5MΩ。新安装或大修后的电动机，其绝缘电阻不应低于 1MΩ。

三相异步电动机接线盒内应有 6 个端头，各相的始端用 U1、V1、W1 表示，终端用 U2、V2、W2 表示。电动机定子绕组的接线盒内端子的布置形式，常见的有Y联结和△联结，如图 1-55 所示。

3. 三相绕组的区分

电动机的首尾端一般由其引出线端标记可知，但对于无引出端标记的电动机，就必须先判别其首尾端才能接线，否则会因接错绕组而损坏电动机。首先要区分出三相绕组，即分组。绕组分组的方法是用万用表的“×100”或者“×1k”欧姆档，用万用表的其中一支表笔接其中一根出线端，用另一支表笔去触碰另外 5 个出线端，若是万用表指针有偏转则为同相，不偏转则为不同相。将测出的其中一相两根线打结标记。剩下的两相按同样的方法判别并进行标记。

4. 三相绕组首尾端判别的方法

区分出三相绕组之后，再进行三相绕组首尾端的判断。只有正确判别了三相绕组的首尾端，才可进一步探讨三相绕组的联结方法。联结绕组时，首端尾端不能搞错，错了就不能保证相间的电角度为 120°，影响正常旋转磁场的形成，这是接线时必须十分注意的问题。在实际中，判别三相绕组的首尾端的方法有直流法和交流法。

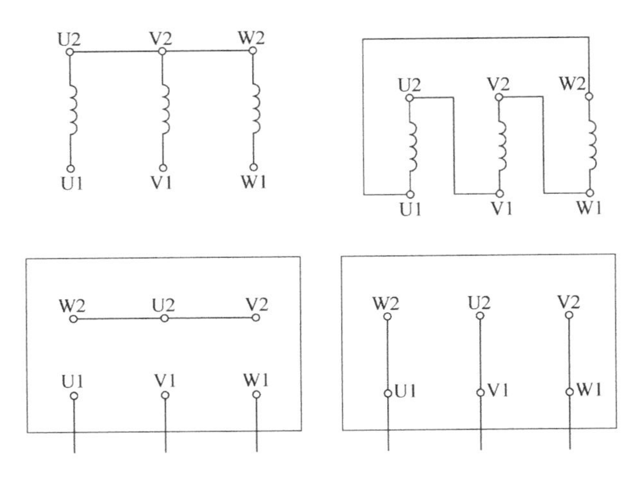

图 1-55 Y联结和△联结

(1) 直流法 判别步骤如下：

1) 分相设定标记。用万用表的欧姆档找出每相绕组的两个引出线头。

2) 连接线路。给各相绕组假设编号为 U1、U2、V1、V2、W1、W2，按图 1-56 所示方法接线，观察万用表指针的摆动情况。

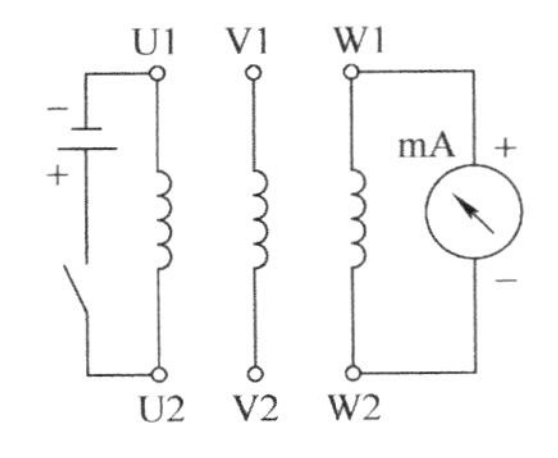

图 1-56 直流法

3) 测量判别。合上开关的瞬间若指针正偏，则电池正极的线头与万用表负极（黑表笔）所接的线头同为首端或尾端；若指针反偏，则电池正极的线头与万用表正极（红表笔）所接的线头同为首端或尾端；再将电池和开关接另一相的两个线头，进行测试，就可正确判别各相的首尾端。

(2) 交流法 判别步骤如下：

1) 分相设定标记，方法同直流法。

2) 连接线路。给各相绕组假设编号为 U1、U2、V1、V2、W1、W2，按图 1-57 所示方法接线，接通电源。

3) 测量判别。若灯灭，则两个绕组相联结的线头同为首端或尾端（即同名端）；若灯亮，则不是同名端。

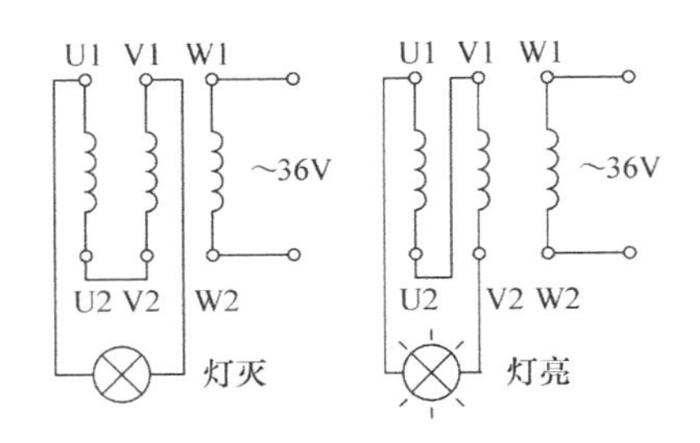

图 1-57 交流法

(3) 剩磁法 判别步骤如下：首先，用万用表欧姆档查出每相绕组的两端，分出三相绕组，共 6 个接线端。然后，将三相绕组的三个假设的首端接在一起，三个假设的尾端接在一起。再在这两个连接点之间接上万用表（置于毫安档），如图 1-58 所示。接好仪表后，用手转动转子，如果表针摆动，则表明假设的首尾端有错误，可调换其中任意一相的两个线端，再转动；如果表针不动或只有极微弱的抖动，则表明为正确。否则，将已对调的绕组复原后，再对调另一相绕组的两个接线端，转动观察，直到指针不动为止。

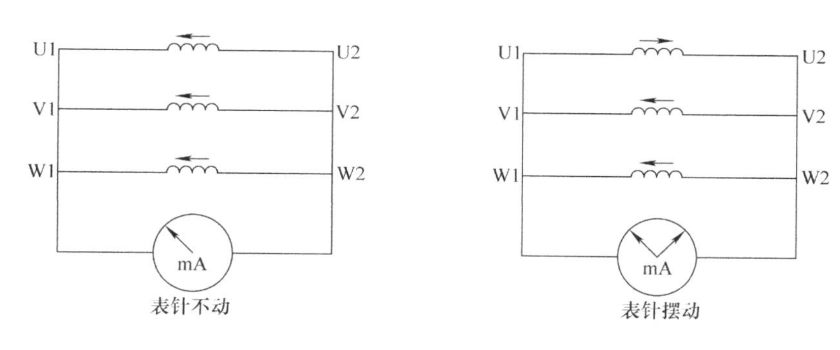

图 1-58　首尾端判别

5. 三相异步电动机的联结方法

（1）三相绕组引出线标志　Y 系列电动机第一相、第二相、第三相的首端分别为 U1、V1、W1，尾端分别为 U2、V2、W2。

有些电动机，绕组内部连接好了，只引出三根线，它们的标志在新系列电动机为 U、V、W，在老系列电动机为 D1、D2、D3。如有第四根标志为 N 的引出线，这是丫联结绕组的中性点。

（2）接线螺钉标志　与绕组的标志完全相同，其标志有的用标号垫，有的在绝缘底座上压出凸纹。

（3）三相绕组的联结方法　丫联结（星形联结）和△联结（三角形联结）。

1）丫联结如图 1-59 所示，把三相绕组的尾端连在一起，三个首端接电源。当然也可以把三个首端连在一起，三个尾端接电源（图 1-59a）。但是决不可在短接的星点上既有首端，又有尾端，否则，不能形成正常的旋转磁场。在接线盒里（图 1-59b）用两个连接片短接首端或尾端。

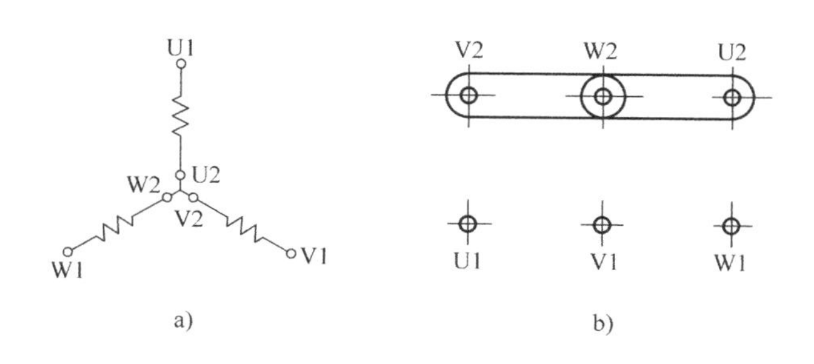

图 1-59　丫联结

a）接线原理图　b）接线盒连接图

2）△联结如图 1-60 所示，它是用一相绕组的首端与另一相的尾端相连，形成一个三角形，再由三角形的顶点接电源。同样的道理，采用△联结，决不可用绕组的同名端（两个首端或两个尾端）接成三角形的顶点，否则，电动机将不能正常运转。

一台电动机，究竟采用丫联结还是△联结，必须按照铭牌的规定，不能随意变更。无论哪种接法，接线时，如果首尾端错了，则接通电源后不能形成正常的旋转磁场，这时，电动机起动困难，有特殊响声，三相绕组中电流很不平衡，即使空载，电流也将大于额定值，从

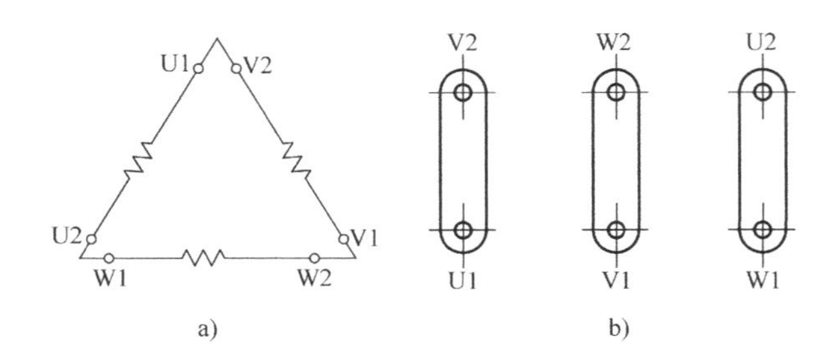

图 1-60 △联结
a）接线原理图 b）接线盒连接图

而使绕组温升急剧增高，如不切断电源，时间长了，电动机绕组有烧毁的危险。所以，使用电动机时，正确连接绕组是非常重要的。

二、能用仪表检查电路安装的正确性并通电试车

1. 自检工艺要求

1）按电路图或接线图从电源端开始，逐段核对接线及接线端子处线号是否正确，有无漏接、错接之处。检查导线接点是否符合要求，压接是否牢固。同时注意接点接触应良好，以避免带负载运转时产生闪弧现象。

2）用万用表检查线路的通断情况。检查时，应选用倍率适当的电阻档，并进行校零，以防发生短路故障。对控制电路的检查（可断开主电路），可将表笔分别搭在 U11、V11 线端上，读数应为“∞”。按下 SB 时，读数应为接触器线圈的直流电阻值。然后断开控制电路，再检查主电路有无开路或短路现象，此时，可用手动来代替接触器通电进行检查。

3）用兆欧表检查线路绝缘电阻的阻值应不得小于 1MΩ。

2. 通电试车步骤

（1）试车前的检查　检查内容如下：

1）用兆欧表对电路进行测试，检查元器件及导线绝缘是否良好，有无相间或相线与底板之间的短路现象。

2）用兆欧表对电动机及电动机引线进行对地绝缘测试，检查有无对地短路现象。断开电动机三相绕组间的联结头，用兆欧表检查电动机引线相间绝缘，检查有无相间短路现象。

3）用手转动电动机转轴，观察电动机转动是否灵活，有无噪声及卡住现象。

4）断开交流接触器下接线端上的电动机引线，接上启动和停止按钮。在电气柜电源进线端通上三相额定电压，按启动按钮，观察交流接触器是否吸合，松开启动按钮后能否自保持，然后用万用表交流 500V 档测量交流接触器下接线端有无三相额定电压，是否缺相。如果电压正常，按停止按钮，观察交流接触器是否能断开。一切动作正常后，断开总电源，将交流接触器下接线端头电动机引线复原。

（2）试车　试车步骤如下：

1）合上总电源开关。

2）左手手指触摸启动按钮，右手手指触摸停止按钮。左手按压启动按钮，电动机启动

后，注意听和观察电动机有无异常声响及转向是否正确。如果有异常声响或转向不对，应立即按停止按钮，使电动机断电。断电后，电动机依靠惯性仍旧在转动。此时，应注意异常声响是否还有，如仍有，应判断是机械部分故障；如无，可判断是电动机电气部分故障。有噪声及转向异常时都应对电动机进行检修。电动机转向不对，可将接线盒打开，将电动机电源进线中的任意两相对调即可。

3）再次启动电动机前，用钳形电流表卡住电动机三根引线中的一根，测量电动机的启动电流。电动机的启动电流一般是额定电流的 4 ~ 7 倍。测量时，钳形电流表的量程应超过这一数值的 1.2 ~ 1.5 倍，否则容易损坏钳形电流表，或测量不准。

4）电动机启动并转入正常运行后，用钳形电流表分别依次卡住电动机三根引线，测量电动机三相电流是否平衡，空载电流和负载电流是否超过额定值。

5）如果电流正常，使电动机运行 30min。运行中应经常测试电动机的外壳温度，检查长时间运行中的温升是否太高或太快。

6）通电试车。将电源线接入控制板，合闸时，先合电源开关 QS，后按启动按钮 SB1；分闸时，先按停止按钮 SB2，后断电源开关 QS。

3. 注意事项

1）电动机和线路的接地要符合要求。严禁采用金属软管作为接地通道。

2）在控制箱外部进行布线时，导线必须穿在导线通道或敷设在机床底座内的导线通道里，导线的中间不允许有接头。

3）在进行快速进给时，要注意将运动部件置于行程的中间位置，以防运动部件与车头或尾架相撞。

4）电动机及按钮的金属外壳必须可靠接地。按钮内接线时，用力不可过猛，以防螺钉打滑。接至电动机的导线，必须穿在导线通道内加以保护，或采用坚韧的四芯橡胶线或塑料护套线进行临时通电校验。

5）安装完毕的控制线路板，必须经过认真检查后，才允许通电试车，以防止错接、漏接，造成不能正常运转或短路事故。

6）试车时，要先合上电源开关，后按启动按钮；停车时，要先按停止按钮，后断电源开关。

7）通电试车必须在教师的监护下进行，必须严格遵守安全操作规程。

活动四　完成 CA6140 车床电气控制线路的安装与调试

能力目标

1）能按照材料清单领取元器件，检测元器件的好坏，并做好现场准备工作。

2）能按图样、工艺要求、安全规范和设备要求，安装元器件并接线。

3）能用仪表检查电路安装的正确性并通电试车。

4）施工完毕能清理现场，能填写工作记录并交付验收。

活动地点

普通机床学习工作站。

学习过程

你要掌握以下资讯与决策，才能顺利完成任务

一、按照材料清单领取元器件，检测各元器件的好坏

各小组用万用表对以下各种元器件进行资料查询，并填写表1-12。

表1-12 各种元器件功能检测表

实物图片	文字符号	简单描述检测方法	判断好坏

（续）

实物图片	文字符号	简单描述检测方法	判断好坏

二、做好现场准备工作

请用“√”在图 1-61 中选择完成本任务的标识。

禁止合闸
线路有人工作

停　电

小　心
有　电

设　备
在 检 修

图 1-61　各种标识牌

活动过程

一、按图样、工艺要求、安全规范和设备要求，安装元器件并接线

1. 元器件总的安装要求

1）断路器、熔断器的受电端子应安装在控制板的外侧，并使熔断器的受电端为底座的中心端。

2）各元件的安装位置应整齐、匀称，间距合理，便于元器件的更换。

3）紧固各元件时，用力要均匀，紧固程度适当。在紧固熔断器、接触器等易碎元件时，应该用手按住元件一边轻轻摇动，一边用螺钉旋具轮换旋紧对角线上的螺钉，直到手摇不动后，再适当加固旋紧些即可。

2. 板前明线布线和套编码套管的工艺要求

板前明线布线时，应符合平直、整齐、紧贴敷设面、走线合理及接点不得松动等要求。图 1-62 所示是板前明线布线的实例。

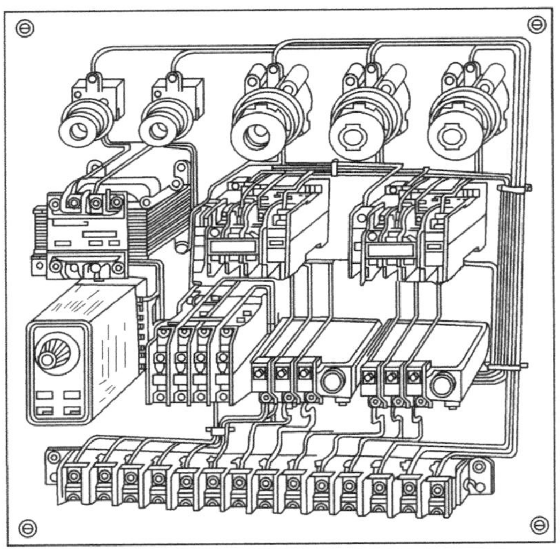

图 1-62　板前明线布线的实例

板前明线布线和套编码套管的工艺要求如下：

1）布线通道要尽可能少，同路并行导线按主、控电路分类集中，单层密排，紧贴安装面布线。

2）同一平面的导线应高低一致或前后一致，不能交叉。非交叉不可时，该根导线应在接线端子引出时，就水平架空跨越，但必须走线合理。

3）布线应横平竖直，分布均匀。变换走向时，应垂直转向。

4）布线时，严禁损伤线芯和导线绝缘层。

5）布线顺序一般以接触器为中心，由里向外，由低至高，先控制电路，后主电路的顺序进行，以不妨碍后续布线为原则。

6）在每根剥去绝缘层导线的两端套上编码套管。所有从一个接线端子（或接线桩）到另一个接线端子（或接线桩）的导线必须连续，中间无接头。

7）导线与接线端子（或接线桩）连接时，不得压绝缘层、不反圈及不露铜过长。

8）同一元件、同一回路的不同接点的导线间距离应保持一致。

9）一个电器元件接线端子上的连接导线不得多于两根，每节接线端子板上的连接导线一般只允许连接一根。

二、车床常见电气故障及处理方法（表 1-13）

表 1-13　车床常见电气故障及处理方法

故障现象	故障原因	处理方法
主轴电动机 M1 启动后不能自锁，即按下 SB2，M1 启动运转，松开 SB2，M1 随之停止	接触器 KM 的自锁触点接触不良或连接导线松脱	合上 QF，测接触器 KM 自锁触点（6、7）两端的电压，若电压正常，故障是自锁触点接触不良，若无电压，故障是连线（6、7）断线或松脱
主轴电动机 M1 不能停止	接触器 KM 主触点熔焊；停止按钮 SB1 被击穿或线路中 5、6 两点连接导线短路；接触器 KM 铁心端面被油垢粘牢不能脱开	断开 QF，若 KM 释放，说明故障是停止按钮 SB1 被击穿或导线短路；若接触器 KM 过一段时间释放，则故障为铁心端面被油垢粘牢；若接触器 KM 不释放，则故障为接触器 KM 主触点熔焊。可根据情况采取相应的措施修复
主轴电动机运行中停车	热继电器 FR1 动作，动作原因可能是电源电压不平衡或过低；整定值偏小；负载过重，连接导线接触不良等	找出热继电器 FR1 动作的原因，排除后使其复位
照明灯 EL 不亮	灯泡损坏；熔断器 FU4 熔断；SA 触点接触不良；变压器 TC 二次绕组断线或接头松脱；灯泡和灯头接触不良等	可根据具体情况采取相应的措施修复

三、项目验收

1）在验收阶段，各小组派出代表进行交叉验收，并填写详细验收记录，见表 1-14。

表 1-14　验收过程问题记录表

验收问题记录	整改措施	完成时间	备注

2）以小组为单位认真填写 CA6140 车床电气控制线路安装调试任务验收报告，见表 1-15。

表 1-15 CA6140 车床电气控制线路安装调试任务验收报告

<table>
<tr><td>工程项目名称</td><td colspan="4"></td></tr>
<tr><td>建设单位</td><td colspan="2"></td><td>联系人</td><td></td></tr>
<tr><td>地址</td><td colspan="2"></td><td>电话</td><td></td></tr>
<tr><td>施工单位</td><td colspan="2"></td><td>联系人</td><td></td></tr>
<tr><td>地址</td><td colspan="2"></td><td>电话</td><td></td></tr>
<tr><td>项目负责人</td><td colspan="2"></td><td>施工周期</td><td></td></tr>
<tr><td>工程概况</td><td colspan="4"></td></tr>
<tr><td>现存问题</td><td colspan="2"></td><td>完成时间</td><td></td></tr>
<tr><td>改进措施</td><td colspan="4"></td></tr>
<tr><td rowspan="2">验收结果</td><td>主观评价</td><td>客观测试</td><td>施工质量</td><td>材料移交</td></tr>
<tr><td colspan="2"></td><td></td><td></td></tr>
</table>

活动评价

以小组为单位，展示本组安装成果。根据以下评分标准进行评分，见表 1-16。

表 1-16 评分表

<table>
<tr><td colspan="2" rowspan="2">评价内容</td><td rowspan="2">分值</td><td colspan="3">评分</td></tr>
<tr><td>自我评价</td><td>小组评价</td><td>教师评价</td></tr>
<tr><td rowspan="2">元器件的定位安装</td><td>安装方法、步骤正确，符合工艺要求</td><td rowspan="2">20</td><td rowspan="2"></td><td rowspan="2"></td><td rowspan="2"></td></tr>
<tr><td>元器件安装美观、整洁</td></tr>
<tr><td rowspan="6">布线</td><td>按电路图正确接线</td><td rowspan="6">40</td><td rowspan="6"></td><td rowspan="6"></td><td rowspan="6"></td></tr>
<tr><td>布线方法、步骤正确，符合工艺要求</td></tr>
<tr><td>布线横平竖直，整洁有序，接线紧固美观</td></tr>
<tr><td>电源和电动机按钮正确接到端子排上，并准确注明引出端子号</td></tr>
<tr><td>接点牢固、接头露铜长度适中，无反圈、压绝缘层、标记号不清楚、遗漏或误标等问题</td></tr>
<tr><td>施工中导线绝缘层或线芯无损伤</td></tr>
<tr><td rowspan="2">通电试车</td><td>设备正常运转无故障</td><td rowspan="2">30</td><td rowspan="2"></td><td rowspan="2"></td><td rowspan="2"></td></tr>
<tr><td>出现故障正确排除</td></tr>
<tr><td rowspan="2">安全文明生产</td><td>遵守安全文明生产规程</td><td rowspan="2">10</td><td rowspan="2"></td><td rowspan="2"></td><td rowspan="2"></td></tr>
<tr><td>施工完成后认真清理现场</td></tr>
<tr><td colspan="3">施工额定用时 180min 实际用时________ 超时扣分________</td><td></td><td></td><td></td></tr>
<tr><td colspan="3">合计</td><td></td><td></td><td></td></tr>
</table>

活动五　总结、评价与反馈

能力目标

1）通过对 CA6140 车床学习与工作过程的回顾，学会客观评价、撰写总结。
2）通过自评、互评、教师评价，能够学会沟通，体会到自己长处与不足，建立自信。
3）通过小组交流学习，展示成果。

活动地点

普通机床学习工作站。

学习过程

你要掌握以下资讯与决策，才能顺利完成任务

一、工作总结

想一想为什么要撰写工作总结？总结大概记录什么信息？

二、写下工作总结

三、展示成果

以小组为单位，选择演示文稿、展板、海报、录像等形式中的一种或几种，向全班展示、汇报学习成果。

四、展示

展示你组中最优秀的总结，并完成评价表（表1-17）。

表1-17 评价表

评价	各组选出优秀成员在全班讲解你组最优秀的总结 小组互评、教师点评 小组名次

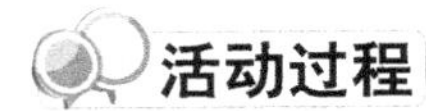

活动过程

一、完成评价表（表1-18）

表1-18 评价表

评价项目	评价内容	评价标准	评价方式		
			自我评价	小组评价	教师评价
职业素养	安全意识、责任意识	A. 作风严谨、自觉遵章守纪、出色地完成工作任务 B. 能够遵守规章制度、较好地完成工作任务 C. 遵守规章制度、没完成工作任务或完成工作任务，但忽视规章制度 D. 不遵守规章制度、没完成工作任务			
	学习态度主动	A. 积极参与教学活动，全勤 B. 缺勤达本任务总学时的10% C. 缺勤达本任务总学时的20% D. 缺勤达本任务总学时的30%			
	团队合作意识	A. 与同学协作融洽、团队合作意识强 B. 与同学能沟通、协同工作能力较强 C. 与同学能沟通、协同工作能力一般 D. 与同学沟通困难、协同工作能力较差			
专业能力	学习活动1 明确工作任务	A. 按时、完整地完成工作页，问题回答正确，图样绘制准确 B. 按时、完整地完成工作页，问题回答基本正确，图样绘制基本准确 C. 未能按时完成工作页，或内容遗漏、错误较多 D. 未完成工作页			
	学习活动2 施工前的准备	A. 学习活动评价成绩为90～100分 B. 学习活动评价成绩为75～89分 C. 学习活动评价成绩为60～74分 D. 学习活动评价成绩为0～59分			
	学习活动3 现场施工	A. 学习活动评价成绩为90～100分 B. 学习活动评价成绩为75～89分 C. 学习活动评价成绩为60～74分 D. 学习活动评价成绩为0～59分			
创新能力		学习过程中提出具有创新性、可行性的建议	加分奖励		
班级		学号			
姓名		综合评价等级			
指导教师		日期			

二、请完成以下的调查问卷

教学内容　　　　　容易理解□　　　　　　　不易理解□

理由/说明：______________________________

教学目标　　　　　容易理解□　　　　　　　不易理解□

理由/说明：______________________________

对解决专业问题的指导　　　　　容易理解□　　　　　　　不易理解□

理由/说明：______________________________

学习任务二

Z3050摇臂钻床电气控制线路的安装与调试

任务情境

机电系现有几台Z3050摇臂钻床，因电气线路老化无法使用，要求重新安装及检测钻床的电气线路，在一周内恢复其功能。

从任务单中明确实施任务内容；现场检查钻床具体情况，根据具体情况分析故障原因，撰写安装与调试方案；做好人员分组、分工，明确安装调试步骤及注意事项；准备材料和工具，按照安全用电规范，实施钻床电路重修，恢复功能；经验收后，交付使用；清理现场、完成任务单验收的填写。

学习内容

1. 施工安全防护措施、安全操作规程。

2. Z3050摇臂钻床的机械结构及运动形式。

3. Z3050摇臂钻床电气系统的结构、电气原理图、元器件布局图、接线图。

4. Z3050摇臂钻床主电路和控制电路的工作原理及电气安全保护措施。

5. Z3050摇臂钻床电气控制线路的安装与调试的方法步骤及注意事项。

6. Z3050工具仪表的使用、元器件的布局及线路接线等工艺。

7. Z3050摇臂钻床电气线路的常见故障分析。

活动一 接任务单、获取信息

能力目标

1）运用电工专业术语识读安装与调试任务单。
2）查阅Z3050摇臂钻床说明书。
3）清楚Z3050摇臂钻床的主要结构及运动形式。
4）陈述Z3050摇臂钻床常见的电气故障。
5）熟悉Z3050摇臂钻床电气系统的结构。

活动地点

普通机床学习工作站。

学习过程

你要掌握以下资讯与决策，才能顺利完成任务

一、接任务单（表2-1）

表2-1 Z3050摇臂钻床电路的安装检测任务单

<table>
<tr><td colspan="2">单号：__________ 开单部门：__________ 开单人：__________
开单时间：______年____月____日____时____分
接单部门：__________班______组__________</td></tr>
<tr><td>任务概述</td><td>我院机电系现有几台Z3050摇臂钻床，因电气线路老化无法使用，现要求数控专业的学生重新安装及检测钻床的电气线路，恢复其功能</td></tr>
<tr><td>任务完成时间</td><td>要求由即日起10个工作日完成任务，并交付使用</td></tr>
<tr><td>接单人</td><td>（签名）
年 月 日</td></tr>
</table>

二、Z3050 摇臂钻床的主要结构及运动形式

各种钻床如图 2-1 所示。

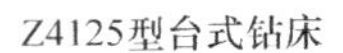

Z4125型台式钻床

滑座式万向摇臂钻床

Z3050摇臂钻床

图 2-1 各类型钻床

1. 钻床的型号及含义

以 Z3050 摇臂钻床为例，其型号及含义如下：

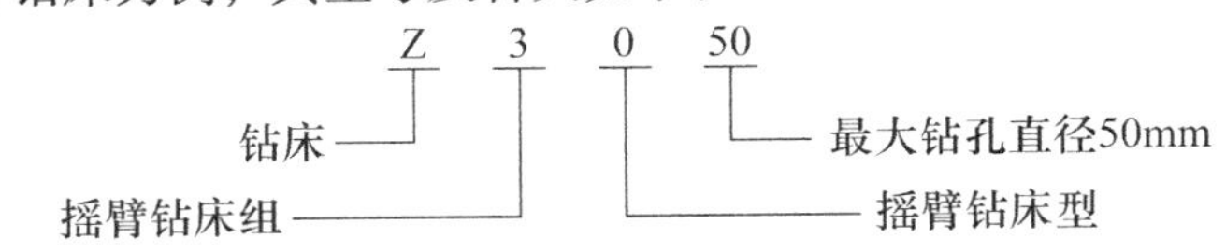

2. 钻床的机械构造

在图 2-2 方框写出主要机械构造的名称（参考选项：工作台、主轴箱、内外立柱、摇臂升降丝杆、摇臂电动机、主轴电动机、主轴、摇臂、底座）。

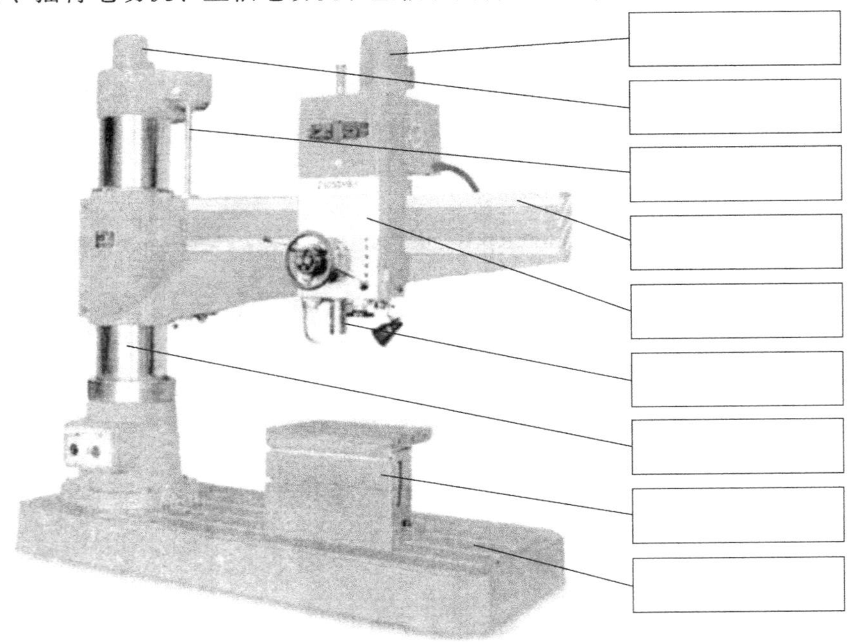

图 2-2 Z3050 摇臂钻床的结构

钻床的主要运动形式包括主运动、进给运动和辅助运动，试填写：

1）主轴带动钻头的旋转运动为________运动。

2）主轴的垂直移动为________运动。

3）摇臂沿外立柱的垂直移动，主轴箱沿摇臂径向移动，摇臂与外立柱一起相对于内立柱的回转运动为________运动。

活动过程

一、实操前的安全准备

在操作机床前，需做好安全措施。请在图 2-3 中填写劳保用品名称并在表 2-2 中写出各劳保用品的使用注意事项。

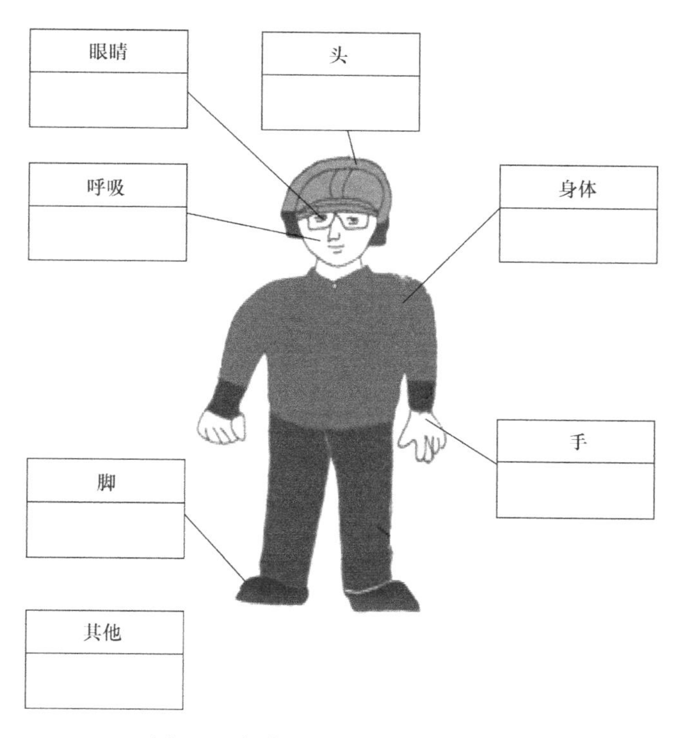

图 2-3　操作机床前的安全防护措施

表 2-2　劳保用品及其注意事项

劳保用品名称	使用注意事项

1）按机床安全操作要求，做好各穿戴防护措施。

2）工作环境应设置哪些安全措施？

二、了解 Z3050 摇臂钻床的电气控制系统

通过以下方式了解 Z3050 摇臂钻床电气控制元器件的布局及动作情况：

1）观察摇臂钻床外观。

2）拆开面板，观察内置元器件。

3）在教师的操作及指引下，观察电器元件的动作情况，分析其如何控制机械部件的运动。

4）结合图 2-4 找出各低压电器。

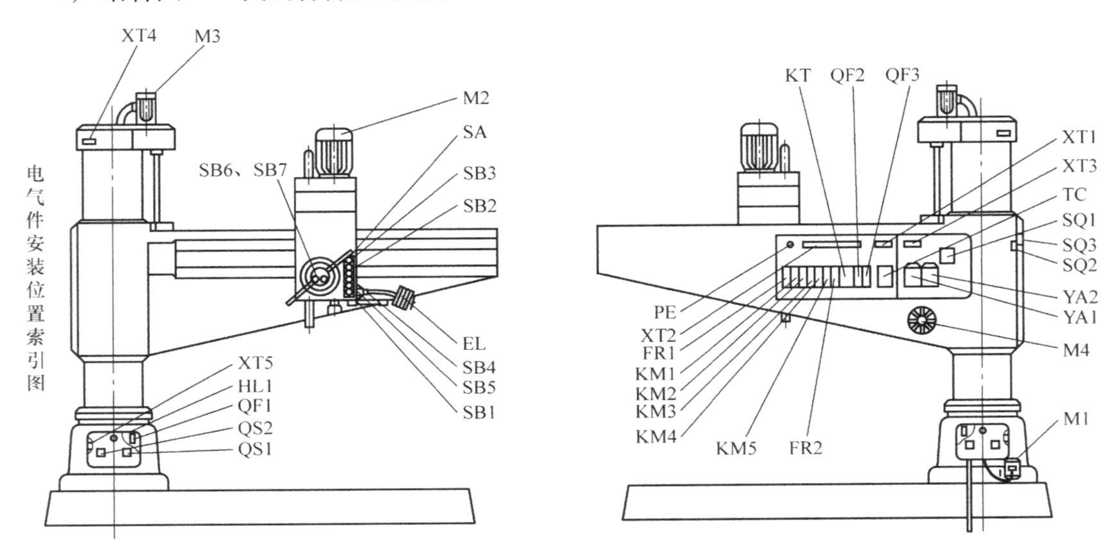

图 2-4 Z3050 摇臂钻床电气安装位置索引图

三、操作摇臂钻床

1）动手操作功能正常的钻床，温习钻床的动作过程及其操作结构。

2）列出在操作钻床过程中，遇到的故障及现象。

特别注意

钻孔前，必须将摇臂及主轴箱调到需要位置并夹紧后，方可工作；钻孔时，必须将钻床放平、放稳、固定牢靠。

3）掌握摇臂钻床电力拖动的特点及控制要求，具体如下：

① 摇臂钻床相对运动部件较多，为简化传动装置，采用______台电动机拖动。

② 摇臂升降要求有______保护。

③ 钻削加工时需要对刀具及工件进行______。
④ 完成表2-3。

表2-3　各电动机的功能及控制要求

电动机名称及代号	作用	控制要求
冷却泵电动机M1		
	拖动钻削及进给运动	
摇臂升降电动机M3		正、反转控制，通过机械和电气联合控制
	拖动内、外立柱及主轴箱与摇臂夹紧与放松	正、反转控制，通过液压装置和电气联合控制

可供参考选项：
1）主轴电动机M2。
2）供给切削液。
3）立柱松紧电动机M4。
4）单向运转，主轴的正、反转通过摩擦离合器实现。
5）正转控制，拖动冷却泵输送切削液。
6）拖动摇臂升降。

小提示

信息采集源：1）《Z3050摇臂钻床操作手册》
2）http：//www. baidu. com
其他：______________________

活动评价（表2-4）

表2-4　评价表

评价	各组选出优秀成员讲解Z3050摇臂钻床的结构及工作过程 小组互评、教师点评 小组名次

活动二　识读Z3050摇臂钻床电气原理图

能力目标

1）清楚电气元器件的功能。
2）掌握Z3050摇臂钻床电气线路的控制原理。
3）了解Z3050摇臂钻床照明辅助电路。

4）掌握 Z3050 摇臂钻床的电气安全保护措施。

活动地点

普通机床学习工作站。

学习过程

一、熟悉电器元件

1. 已学过的元器件

对照 Z3050 摇臂钻床电路图（图 2-5）列出的电器元件，将已学过的元器件的名称、功能及检测方法填于表 2-5。

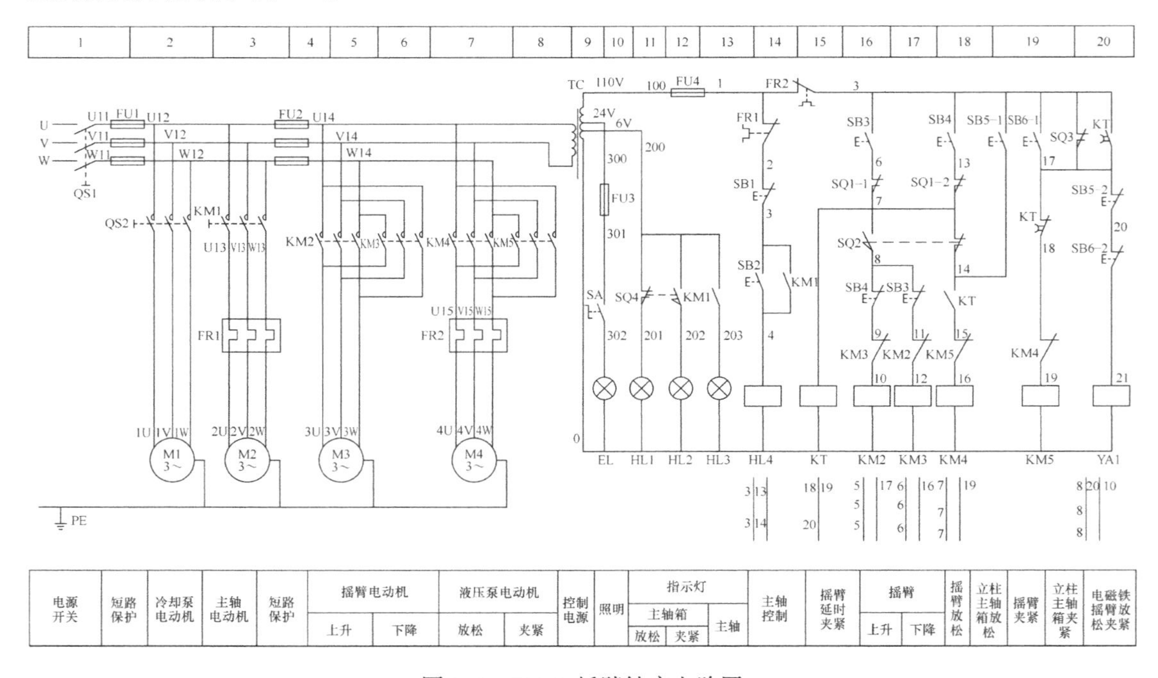

图 2-5　Z3050 摇臂钻床电路图

表 2-5　Z3050 摇臂钻床电路图中的元器件 1

名称	符号	功　　能	检 测 方 法

2. 陌生的元器件

通过观察，对照Z3050摇臂钻床电路图圈出陌生的元器件，并查阅书籍试完成表2-6。

表2-6　Z3050摇臂钻床电路图中的元器件2

名称	符号	功　能

3. 时间继电器（KT）

时间继电器如图2-6所示，是一种利用电磁原理或机械动作原理来实现触点延时闭合或分断的自动控制电器，因为其自得到动作信号到触点动作有一定的延时时间，因此广泛用于需要按时间顺序进行自动控制的电气线路中。

JS7—A系列空气阻尼式时间继电器

JS20系列晶体管式时间继电器

JS14S系列数显式时间继电器

图2-6　时间继电器

（1）阻尼式时间继电器

1）阻尼式时间继电器结构及工作原理如图2-7所示。

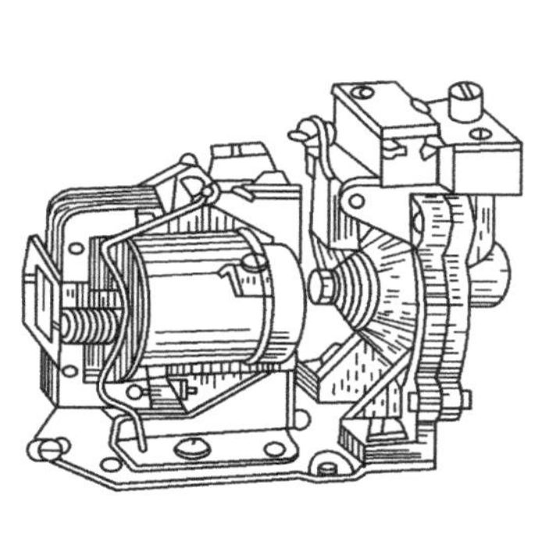

外形

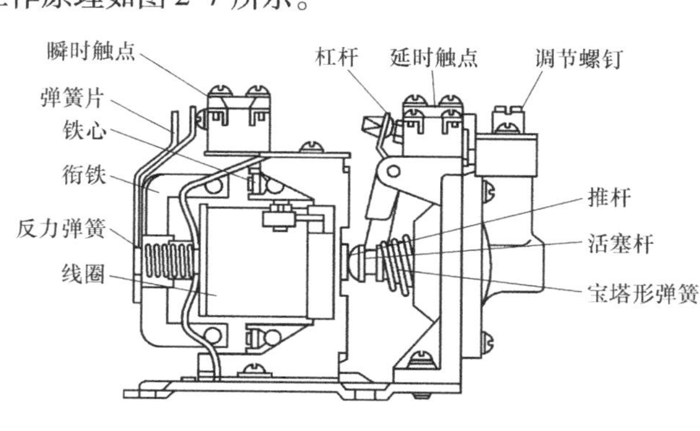

结构

图2-7　阻尼式时间继电器

2）对照实物找出相应的部件并完成以下填空：阻尼式时间继电器：主要由________、________和________三部分组成。其中，电磁系统由________、________、________和________等组成，触点系统由两对________和两对________组成（可参考选项：线圈、电磁系统、铁心、瞬时触点、延时机构、衔铁、触点系统、延时触点、反力弹簧）。

3）掌握阻尼式时间继电器的工作原理，并完成以下填空：当电路通电后，电磁线圈的

________产生磁场力，使衔铁克服反作用弹簧的弹力而________，通过弹簧片使________触点动作；与衔铁相连的推板向右运动，推动推杆压缩宝塔型弹簧，使________内橡皮膜和活塞缓慢向右运动，通过杠杆使________触点延时动作，延时时间由气室进气口的节流程度决定，其节流程度可用调节螺钉完成（可参考选项：延时、铁心、瞬时、吸合、气室）。

JS7－A 系列空气阻尼式时间继电器的结构原理如图 2-8 所示。

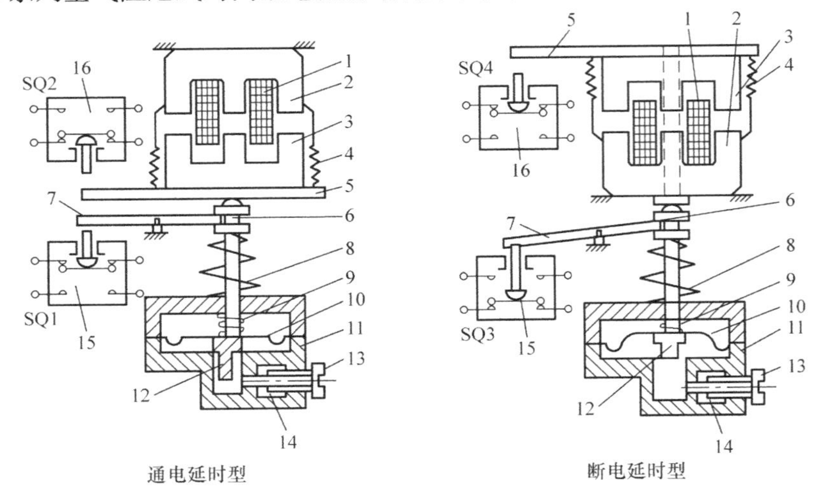

图 2-8 JS7－A 系列空气阻尼式时间继电器的结构原理

1—线圈 2—铁心 3—衔铁 4—反力弹簧 5—推板 6—活塞杆 7—杠杆 8—塔形弹簧 9—弱弹簧 10—橡皮膜 11—空气室 12—活塞 13—调节螺钉 14—进气孔 15、16—微动开关

想一想

阻尼式断电延时型时间继电器的工作原理是什么？

小提示

JS7－A 系列断电延时型和通电延时型时间继电器的组成元件是通用的。若将通电延时型时间继电器的电磁机构旋出固定螺钉后反转 180°安装，即为断电延时型时间继电器。读者可自行分析其工作原理。

4）按图 2-9 所示线路接线，观察现象，完成以下问题。

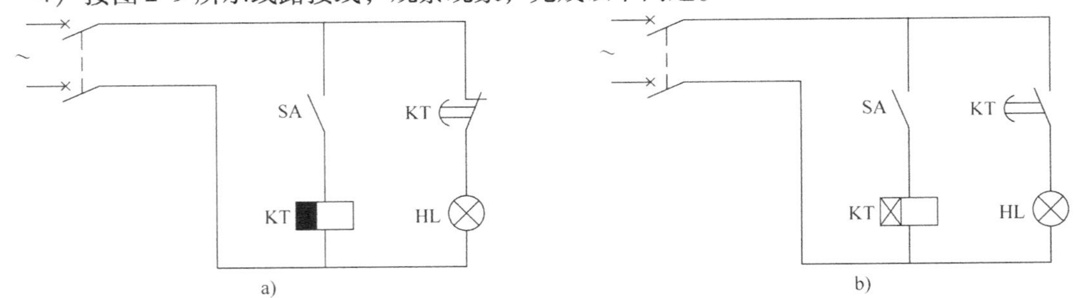

图 2-9 时间继电器工作原理实验图

① ▮□表示________________。

② 表示________________________。

③ 表示________________________。

④ 表示________________________。

⑤ SA 表示________________________。

⑥ HL 表示________________________。

⑦ 图 2-9a 所示的白炽灯如何亮？如何灭？

____。

⑧ 图 2-9b 所示的白炽灯如何亮？如何灭？

____。

5）阻尼式时间继电器的型号含义如下：

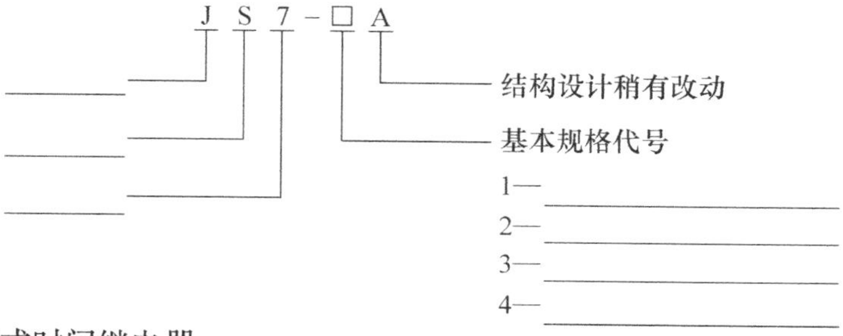

J S 7 - □ A

- J —— ____________
- S —— ____________
- 7 —— ____________
- □ —— 基本规格代号
- A —— 结构设计稍有改动

1—____________

2—____________

3—____________

4—____________

（2）晶体管式时间继电器

晶体管式时间继电器也称为半导体时间继电器或电子式时间继电器，具有结构简单、延时范围宽、整定精度高、体积小、耐冲击和震动、消耗功率小、调整方便及寿命长等优点，所以发展迅速。

1）晶体管式时间继电器按结构分为________和________两类；按延时方式分为________、________及________（可参考选项：带瞬动触点的通电延时型、阻容式、通电延时型、数字式、断电延时型）。

2）工作原理如图 2-10 所示，它由__________、__________、__________、__________和__________五部分组成。电源接通后，经__________和__________后的直流电，经过 RP1 和 R2 向电容__________充电。当场效应晶体管 V6 的栅源电压 U_{gs} 低于夹断电压 U_p 时，V6__________，因而__________、__________也处于截止状态。随着充电的不断进行，电容 C2 的电位按指数规律上升，当满足 U_{gs} 高于 U_p 时，V6 导通，V7、V8 也__________，继电

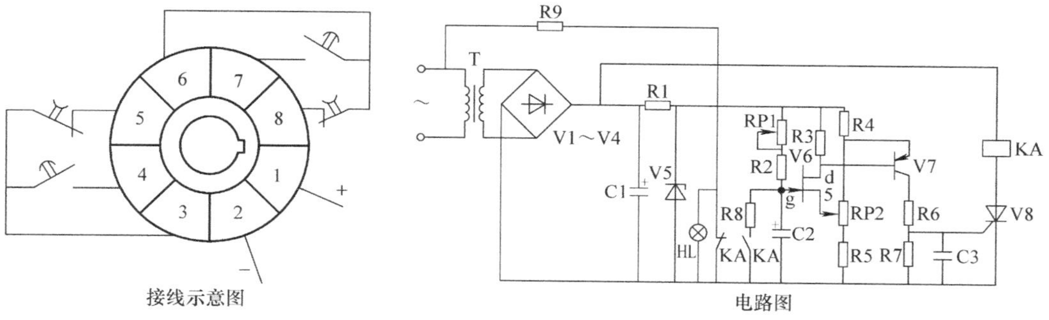

接线示意图　　　　电路图

图 2-10　SJ20 系列通电延时型时间继电器的接线示意图和电路图

器 KA 吸合，输出延时信号。同时电容 C2 通过 R8 和 KA 的常开触点__________，为下次动作做好准备。当切断电源时，继电器__________释放，电路恢复原始状态，等待下次动作。调节 RP1 和 RP2 即可调整__________（可参考选项：电容充放电电路、电源、输出、指示电路、电压鉴别电路、稳压、C2、整流滤波、V7、V8、截止、放电、KA、导通、延时时间）。

3）晶体管式时间继电器的型号含义如下：

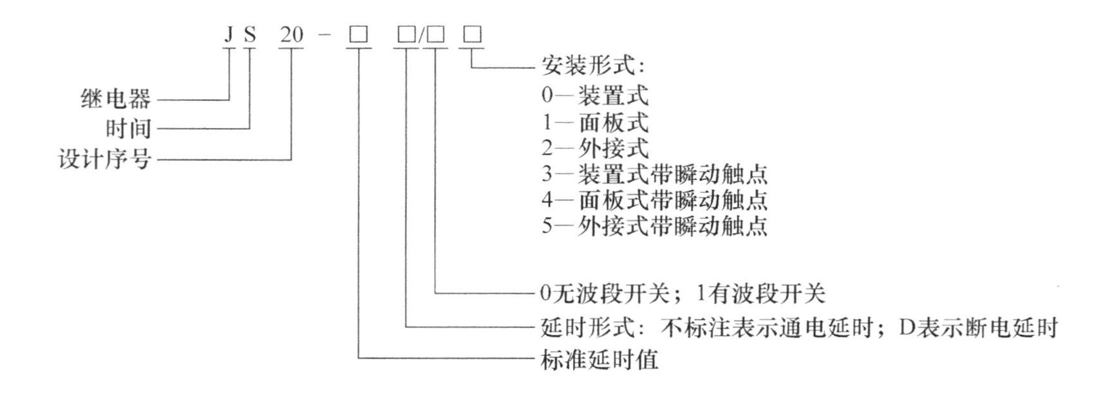

（3）符号　时间继电器的图形符号与文字符号如图 2-11 所示。

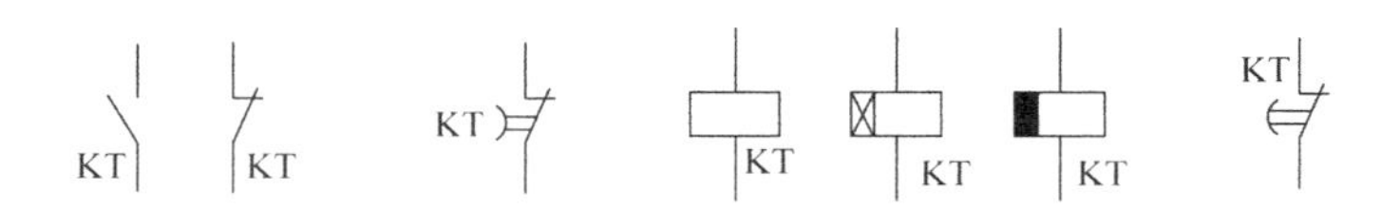

图 2-11　时间继电器的电气符号

参考以上符号完成表 2-7。

表 2-7　时间继电器的电气符号

线圈一般符号		瞬时断开延时闭合常闭触点	
通电延时线圈		延时断开瞬时闭合常闭触点	
断电延时线圈		常开触点 常闭触点	

（4）时间继电器的选用

1）根据系统的延时范围和精度选择时间继电器的类型和系列。在延时精度要求不高的场合，一般可选用价格较低的______________时间继电器。反之，对精度要求较高的场合，可选用__________时间继电器。

2）根据控制线路的要求选择时间继电器的__________（通电延时或断电延时）。同时，还必须考虑线路对瞬时__________的要求。

3）根据控制线路电压选择时间继电器__________的电压（可参考选项：晶体管式、延时方式、JS7—A 系列空气阻尼式、吸引圈式、动作触头）。

活动评价（表 2-8）

表 2-8　评价表

评价	各组选出优秀成员讲述时间继电器部件的名称并陈述时间继电器的工作原理 小组互评、教师点评 小组名次

4. 行程开关（SQ）

JLXK1 系列行程开关如图 2-12 所示。

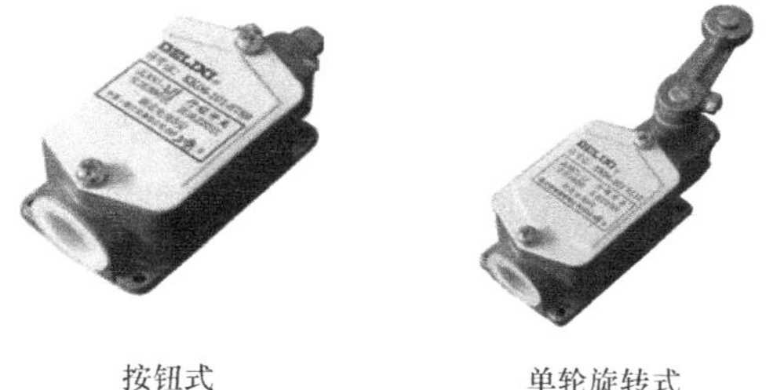

按钮式　　单轮旋转式

双轮旋转式

图 2-12　JLXK1 系列行程开关

1）JLXK1 行程开关结构及符号如图 2-13 所示。主要由__________、__________和__________组成。行程开关按其结构可分为直动式、__________和微动式三种。行程开关动作后，复位方式有自动复位和__________两种（可参考选项：操作机构、触点系统、滚轮式、外壳、非自动复位）。

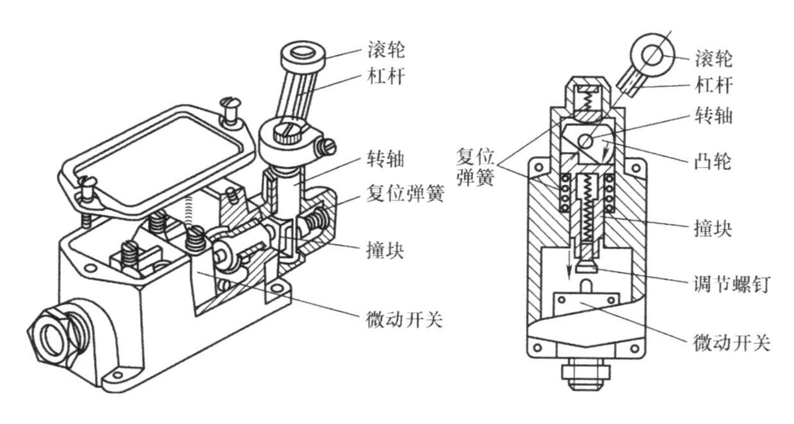

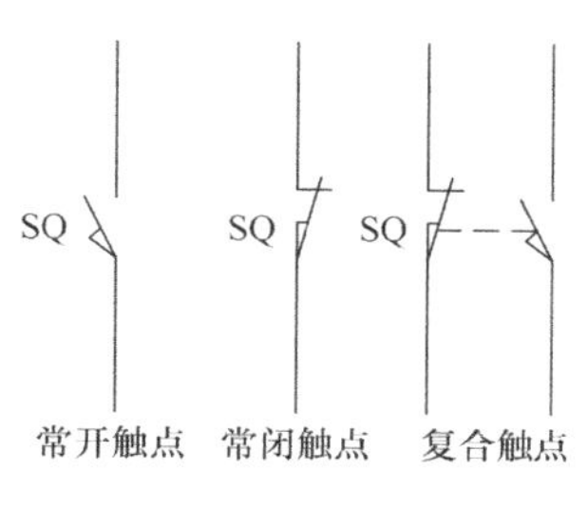

图 2-13　JLXK1 行程开关结构及符号

2）行程开关是一种利用生产机械某些运动__________的碰撞来发出__________指令的主令电器，主要用于控制生产机械的__________、速度、行程大小或位置，是一种__________电器（可参考选项：控制、运动方向、部件、自动控制）。

3）拆装行程开关后，说出各部件的名称及行程开关动作过程。当运动部件的挡铁碰压行程开关的滚轮时，__________连同转轴一起转动，使凸轮推动__________，当撞块被压到一定位置时，推动__________快速动作，使其动断触点断开，动合触点闭合（可参考选项：微动开关、杠杆、撞块）。

4）行程开关的型号含义如下：

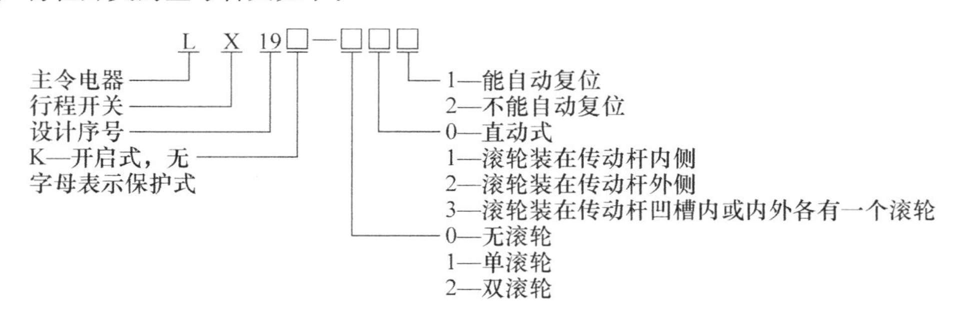

想一想

对照现有的行程开关，讲解型号及其含义。

小提示

行程开关又称为限位开关，是将机械位移转变为触点的动作信号，以控制机械设备的运动，行程开关主要用于机床、自动生产线和其他机械的限位及程序控制。

为了适用于不同的工作环境，可以将行程开关做成各种各样的外形。

活动评价（表2-9）

表2-9　评价表

评价	各组选出优秀成员讲述行程开关各部件的名称并陈述行程开关的动作过程 小组互评、教师点评 小组名次

5. 电磁阀（YA）

电磁阀的外形及结构如图2-14所示。

电磁阀用于控制流体，通过液压油的压力来推动液压缸的活塞，活塞又带动活塞杆，活塞杆带动机械装置运动。这样通过控制电磁铁的电流产生的电磁力就控制了机械运动。

电磁阀的工作原理如下：电磁阀里有密闭的腔，在不同位置开有通孔，每个孔连接不同的油管，腔中间是活塞，两面是两块________，哪面的磁铁线圈通电，________就会被吸引到哪边，通过控制阀体的移动来开启或关闭不同的排油孔，而进油孔是常开的，液压油就会

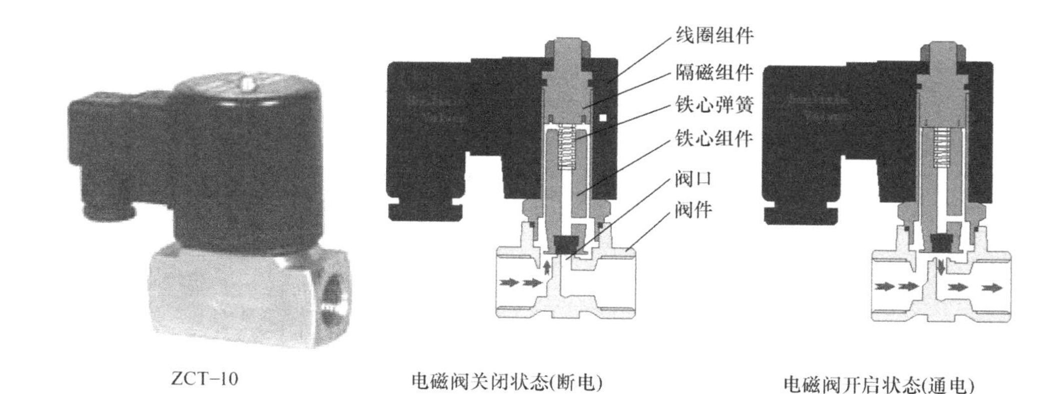

图 2-14　电磁阀的外形及结构

进入不同的排油管，然后通过油的压力来推动油缸的________，活塞又带动活塞杆，活塞杆带动________。这样通过控制电磁铁的________就控制了________（参考选项：阀门开关、电磁铁、流体、电流通断、活塞、阀体、机械运动、机械装置）。

直动式电磁阀的工作原理如下：通电时，电磁线圈产生电磁力把关闭件从阀座上提起，阀门打开；断电时，电磁力消失，弹簧把关闭件压在阀座上，阀门关闭，如图 2-14 所示。

二、电动机的正、反转控制

接触器联锁的电动机正、反转控制电路原理图如图 2-15 所示。

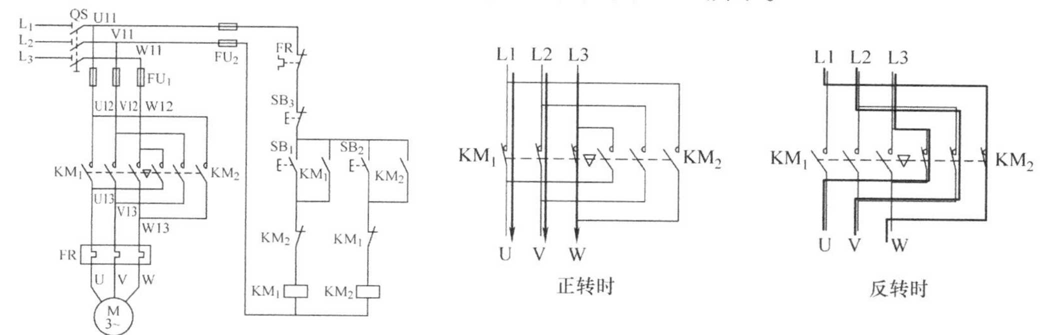

图 2-15　接触器联锁的电动机正、反转控制电路原理图

1）分析图 2-15，完成以下填空。

正转时，L1 接__________，L2 接__________，L3 接__________（A. U 相　B. V 相　C. W 相）。

反转时，L1 接__________；L2 接__________；L3 接__________（A. U 相　B. V 相　C. W 相）。

结论：改变三相电源的任意两相__________，可以改变电动机的__________。

注意事项

如果在按下 SB1 时不小心按下 SB2/KM1 和 KM2 将同时得电（图 2-16）。

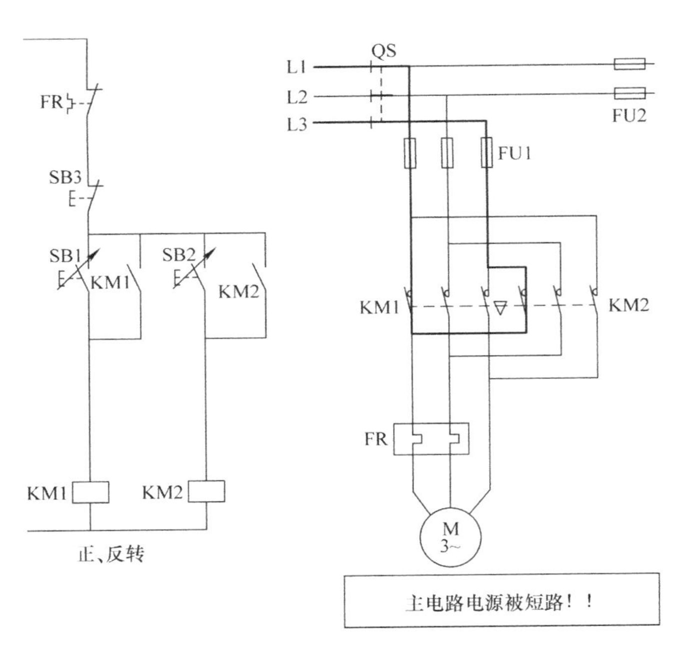

图 2-16　电动机正、反转控制电路电气原理图分析

2）如何保证 KM1 和 KM2 不同时得电？

互锁：在 KM1 的线圈电路中串入＿＿＿＿＿＿的常闭触点，在＿＿＿＿＿＿的线圈电路中串入 KM1 的常闭触点。

3）请在图 2-17 中补画接触器自锁、互锁的控制线路。

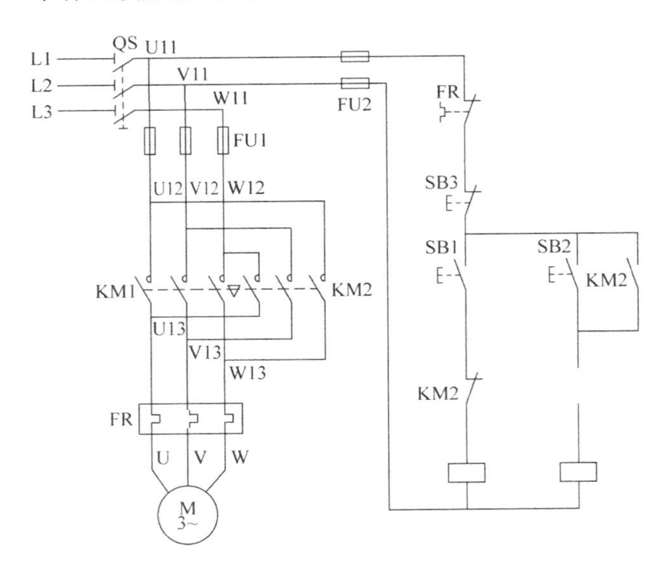

图 2-17　接触器互锁的电动机正、反转控制电路电气原理图

4）双重联锁电动机正、反转控制电路如图 2-18 所示。

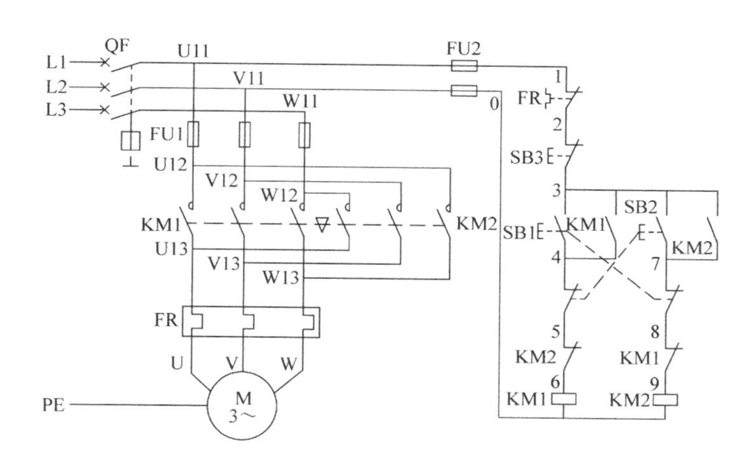

图 2-18　双重联锁电动机正、反转控制电路电气原理图

完成电路的工作原理的分析：先合上电源开关 QF。

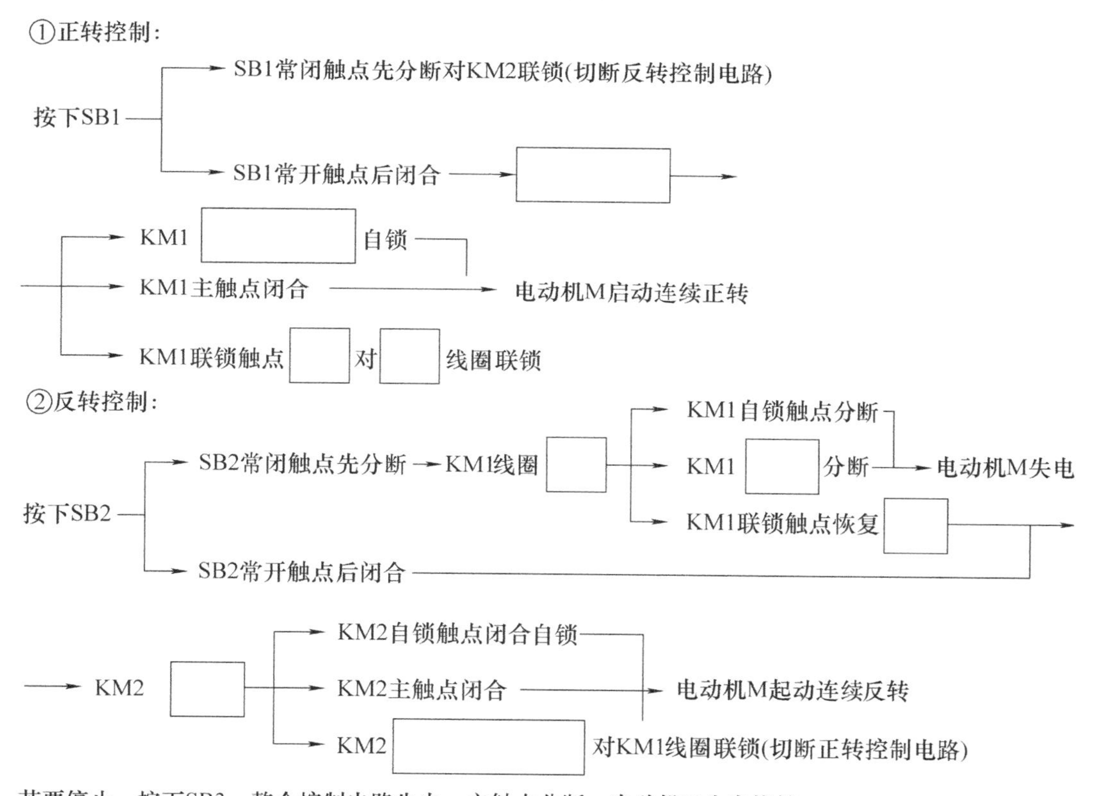

若要停止，按下SB3，整个控制电路失电，主触点分断，电动机M失电停转。

想一想

试分析图 2-19 所示各电路能否正常工作？若不能正常工作，请找出原因，并改正过来。

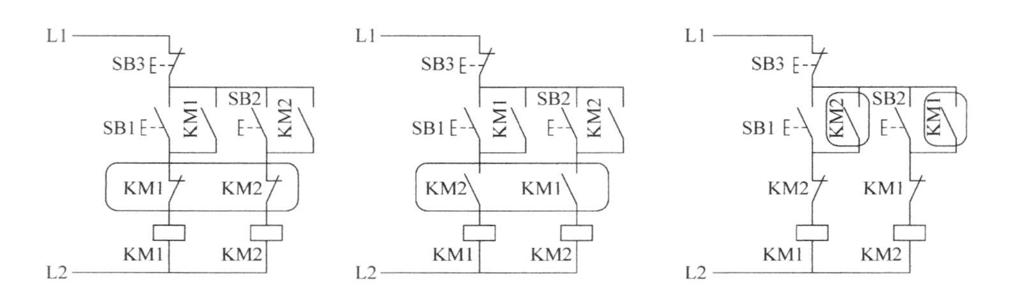

图 2-19 正、反转控制电路原理图分析

想一想

1）QS、FU、KM、FR、KT、SB、SQ 各表示什么电器元件？在表 2-10 中画出这些电器元件的图形符号，并写出中文名称。

表 2-10 元器件符号对应名称表

符　　号	QS	FU	KM	FR	KT	SB	SQ
中文名称							
图形符号							

2）有两台电动机 M1 和 M2，要求①M1 先启动，经过 10s 后 M2 启动，②M2 启动后，M1 立即停止，主电路如图 2-20 所示，试设计其控制线路。

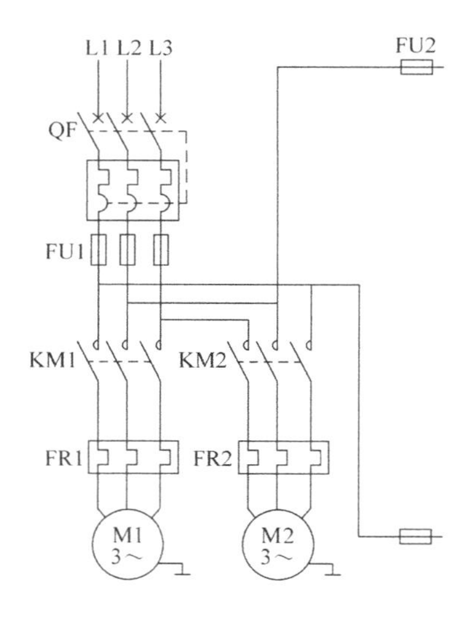

图 2-20 两台电动机控制电气原理图

三、学习钻床电气线路控制原理

1）结合电路图、机床确定各电气元件的实物所在位置。

2）分析主电路（图 2-21），填写元器件符号，圈出图中相应位置。

电源开关	短路保护	冷却泵电动机	主轴电动机	短路保护	摇臂电动机		液压泵电动机	
					上升	下降	放松	夹紧

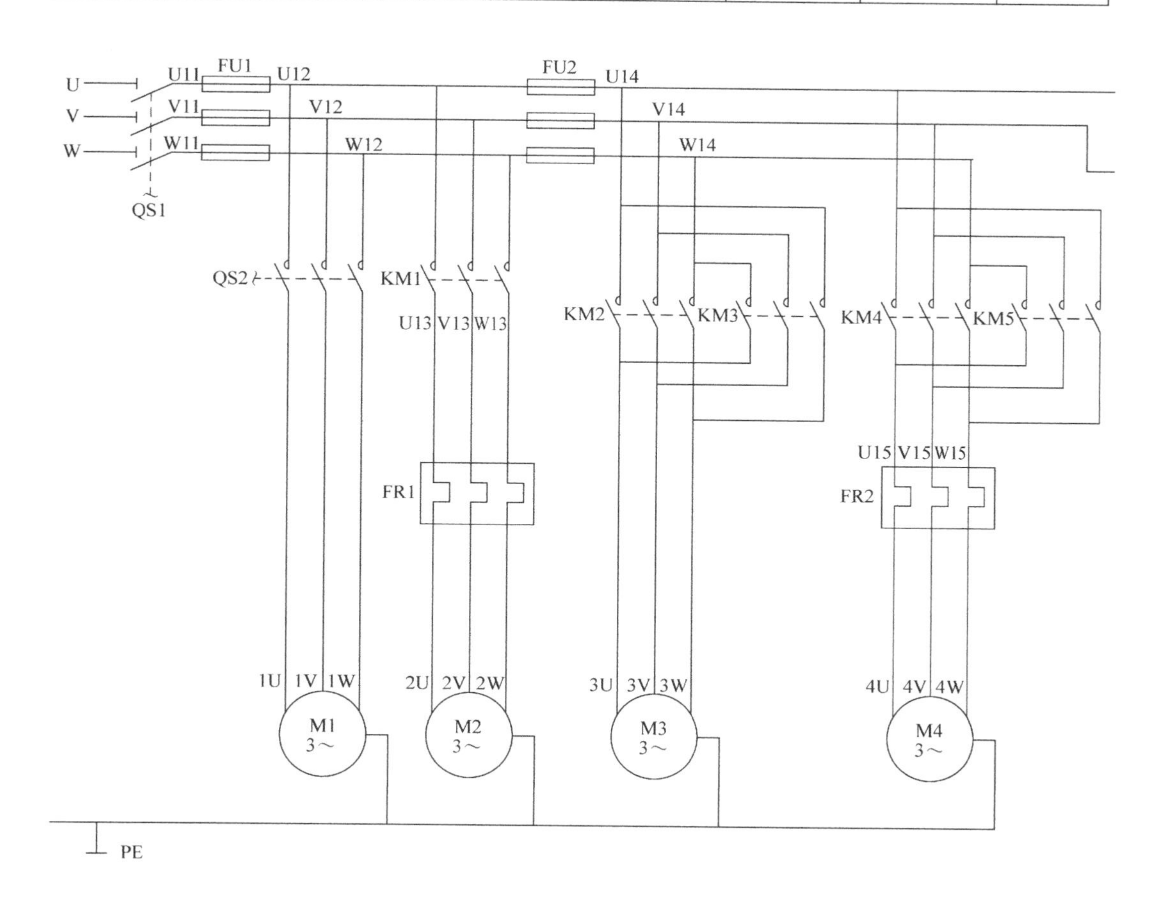

图 2-21　Z3050 摇臂钻床主电路

① 总电源＿＿＿＿＿＿：三相电源由转换开关 QS1 引入，QS1 所选型号为＿＿＿＿＿＿，三相电源所用导线为＿＿＿＿＿＿ mm^2。

② 短路保护器件熔断器＿＿＿＿＿＿，FU1 所选型号为＿＿＿＿＿＿。

③ 冷却泵电动机＿＿＿＿＿＿，直接由转换开关 QS2 控制。所用导线为＿＿＿＿＿＿ mm^2。

④ 主轴电动机＿＿＿＿＿＿，控制主轴即钻头的旋转运动，由 KM1 控制。所用导线为＿＿＿＿＿＿ mm^2。

⑤ 摇臂升降电动机＿＿＿＿＿＿，由 KM2 和 KM3 控制正、反转实现摇臂的升降。所用导线为＿＿＿＿＿＿ mm^2。

⑥ 液压泵电动机＿＿＿＿＿＿，由 KM4 和 KM5 控制正、反转实现摇臂的夹紧、放松。所用导线为＿＿＿＿＿＿ mm^2。

⑦ 过载保护器件热继电器________。

3）分析控制电路（图 2-22），完成相应的问题。

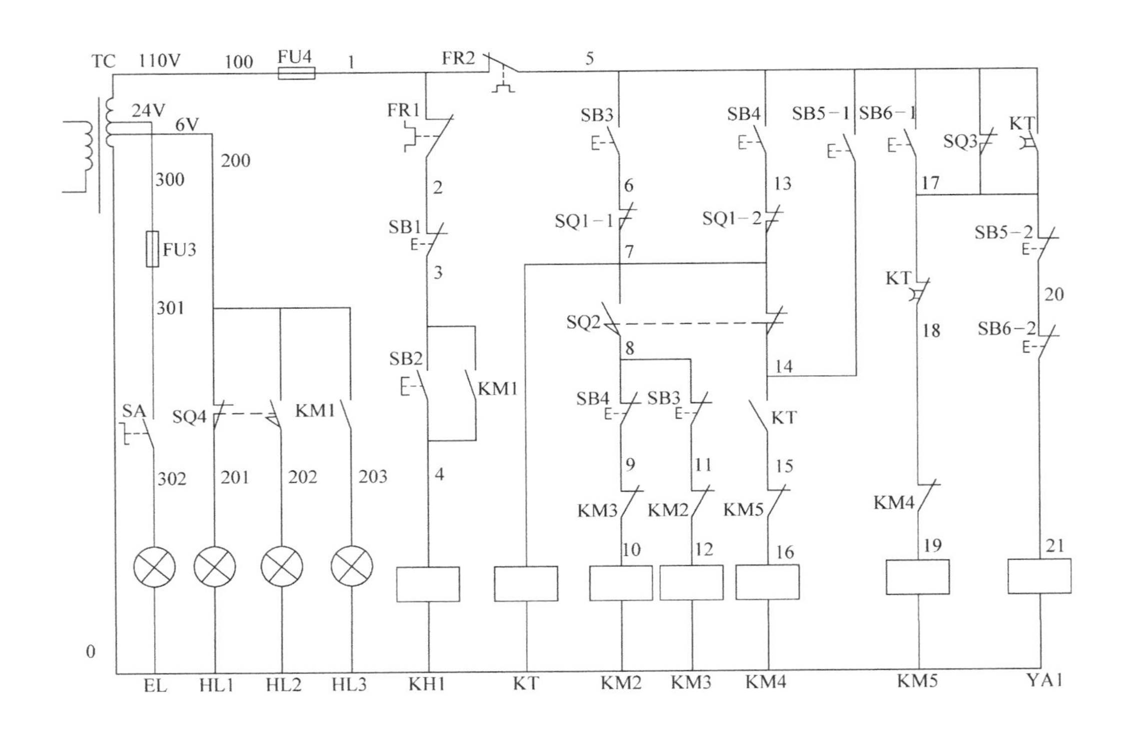

图 2-22　Z3050 摇臂钻床控制线路

① 控制电路的工作电压：变压器________将________V 电源降为________V。

② 短路保护的元件是________。

③ 主轴启动：按下启动按钮________，KM1 线圈得电并________，主触点闭合主轴启动，指示灯 HL3 亮。

④ 摇臂升降：由 SB3、SB4 和 KM2、KM3 组成具有双重互锁的正、反转点动控制电路。平时摇臂是夹紧在外立柱上的，所以在摇臂升降之前，先要把摇臂松开，再由摇臂升降电动机 M3 驱动摇臂升降，然后重新将它夹紧。而摇臂的松紧是由电动机 M4 配合液压系统自动完成的，如图 2-23 所示。

摇臂上升过程动作原理如下：

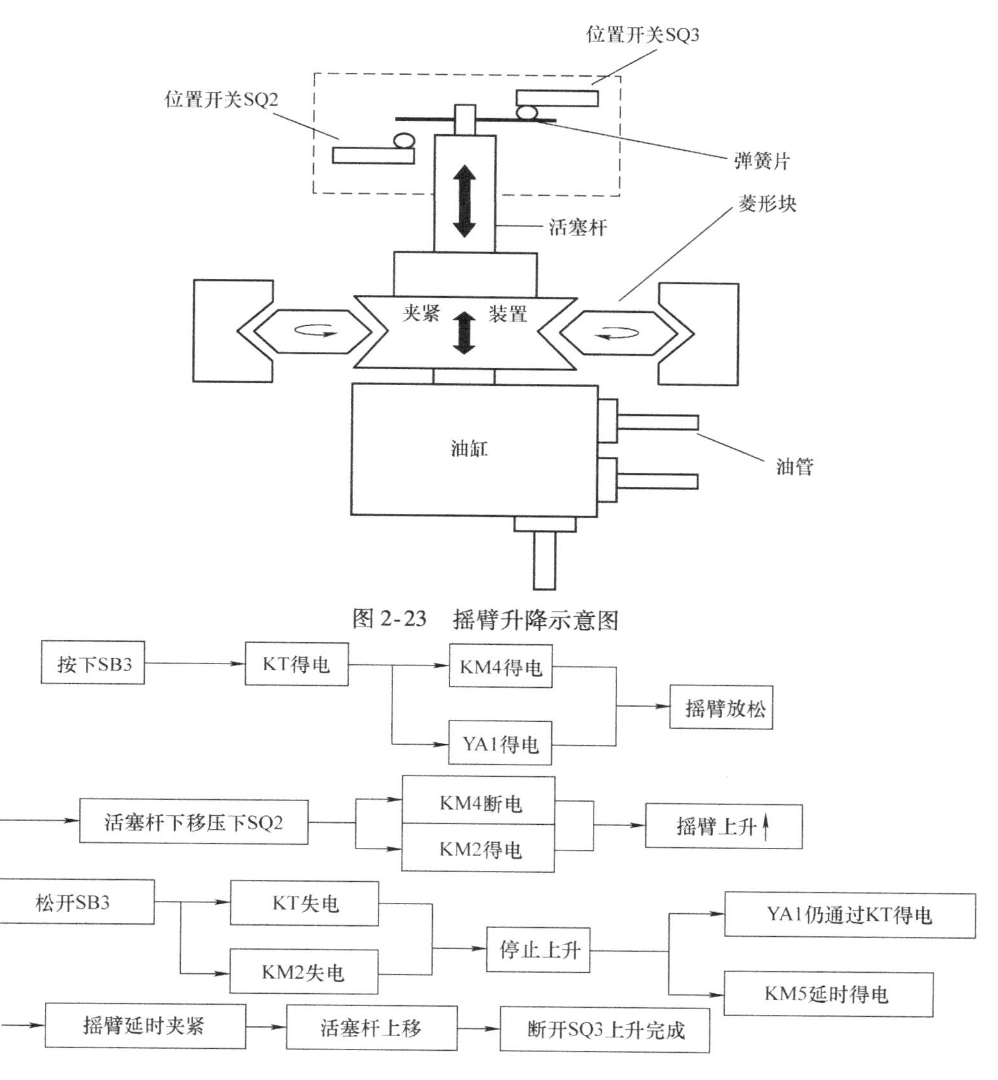

图 2-23　摇臂升降示意图

请自行分析摇臂下降过程。

4）主轴箱和立柱放松与夹紧的控制。主轴箱和立柱的松紧是同时进行的，SB5 和 SB6 分别为松开与夹紧的控制按钮，控制 KM4、KM5 对液压泵电动机 M4 的正、反点动，同时切断电磁阀 YA1 电路。M4 工作，使液压油进入主轴箱和立柱的松开与夹紧油腔，推动松紧机构，实现主轴箱和立柱的松开与夹紧，并由行程开关 SQ4 控制指示灯发出信号；夹紧时 SQ4 动作，其触点（200－201）断开、（200－202）闭合，指示灯 HL1 灭、HL2 亮；反之，在松开时 SQ4 复位，HL1 亮而 HL2 灭。

按下 SB5 后，各环节动作过程原理如下：

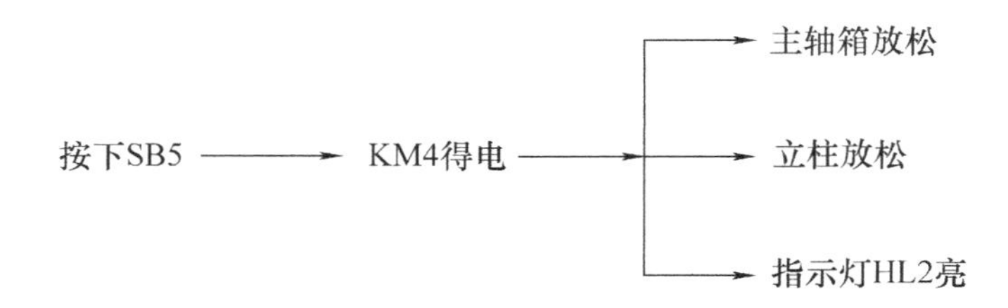

请自行分析按下 SB6 后，各环节动作过程原理。

5）分析保护措施，请写出正确的答案。

① 摇臂升降的超限位保护开关________。

② 为了防止液体夹紧系统出现故障，不能自动夹紧摇臂，或由于 SQ3 调整不当，在摇臂夹紧后不能受 SQ3 常闭触点断开，都会使液压泵电动机 M3 长时间过载运行而损坏，为此装设过载保护________。

③ 摇臂上升、下降电路中采用接触器________和按钮复合________联锁保护，以确保电路安全工作（A. KM2、KM3　B. 组合开关 SQ1　C. SB3、SB4　D. 热继电器 FR2）。

6）分析照明辅助系统，请对应控制线路图在横线上标注灯的符号（A. HL1　B. HL2　C. HL3　D. EL）。

① 钻床启动的照明__________。

② 主轴的旋转指示灯__________。

③ 主轴和立柱放松指示灯__________，夹紧指示灯__________。

知识拓展

一、时间继电器的安装与使用

1）时间继电器应按说明书规定的方向安装。无论是通电延时型还是断电延时型，都必须使继电器在断电后，释放时衔铁的运动方向垂直向下，其倾斜度不得超过 5°。

2）时间继电器的整定值，应预先在不通电时整定好，并在试车时校正。

3）时间继电器金属底板上的接地螺钉必须与接地线可靠连接。

4）通电延时型和断电延时型时间继电器可在整定时间内自行调换。

5）使用时，应经常清除灰尘及油污，否则延时误差将增大。

二、行程开关的选用

行程开关的主要参数有形式、工作行程、额定电压及触点的电流容量，在产品说明书中都有详细说明。主要根据动作要求、安装位置及触点数量选择。请自行查阅相关资料，了解 LX19 和 JLXK1 系列行程开关的主要技术数据。

三、行程开关的安装与使用

1）安装行程开关时，其位置要准确，安装要牢固；滚轮的方向不能装反，挡铁与其碰撞的位置应符合控制线路的要求，并确保能可靠地与挡铁碰撞。

2）行程开关在使用中，要定期检查和保养，除去油垢及粉尘，清理触点，经常检查其动作是否灵活、可靠，及时排除故障，防止因行程开关触点接触不良或接线松脱产生误动作，从而导致设备和人身安全事故。

四、行程开关的常见故障及处理方法（表 2-11）。

表 2-11　行程开关的常见故障及处理方法

故障现象	可能的原因	处理方法
挡铁碰撞行程开关后，触点不动作	（1）安装位置不准确 （2）触点接触不良或接线松脱 （3）触点弹簧失效	（1）调整安装位置 （2）清刷触点或紧固接线 （3）更换弹簧
杠杆已经偏转，或无外界机械力作用，但触头不复位	（1）复位弹簧失效 （2）内部撞块卡阻 （3）调节螺钉太长，顶住开关按钮	（1）更换弹簧 （2）清扫内部杂物 （3）检查调节螺钉

活动过程

一、绘制电器布置图

电器布置图（电器元件位置图）主要是用来表明电气系统中，所有电器元件的实际位置，为机械电气控制设备的制造、安装提供必要的资料。一般情况下，电器布置图是与电器安装接线图组合在一起使用的，既起到电器安装接线图的作用，又能清晰地表示出所使用的电器的实际安装位置。参照图 2-24 所示的立式钻床实际控制箱的电器布置图，查阅相关资料，学习电器元件布置图的绘制规则，画出 Z3050 摇臂站床的电器布置图。

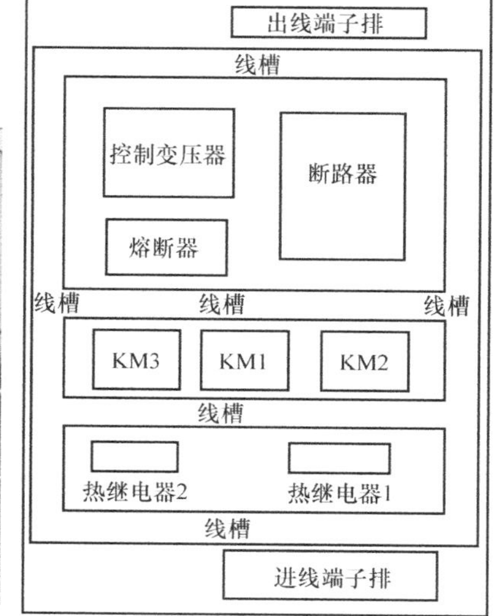

图 2-24　电器布置图

二、绘制接线图

电器安装接线图是用规定的图形符号，按各电器元件相对位置绘制的实际接线图。所表示的是各电器元件的相对位置和它们之间的电路连接状况。在绘制时，不但要画出控制柜内部各电器元件之间的连接方式，还要画出外部相关电器的连接方式。电器安装接线图中的回路标号是电器设备之间、电器元件之间、导线与导线之间的连接标记，其文字符号和数字符号应与原理图中的标号一致。

查阅相关资料，学习接线图的绘制规则，画出接线图。相关元器件内部结构图及电气线路接线图可参考图 2-25 所示的图形。

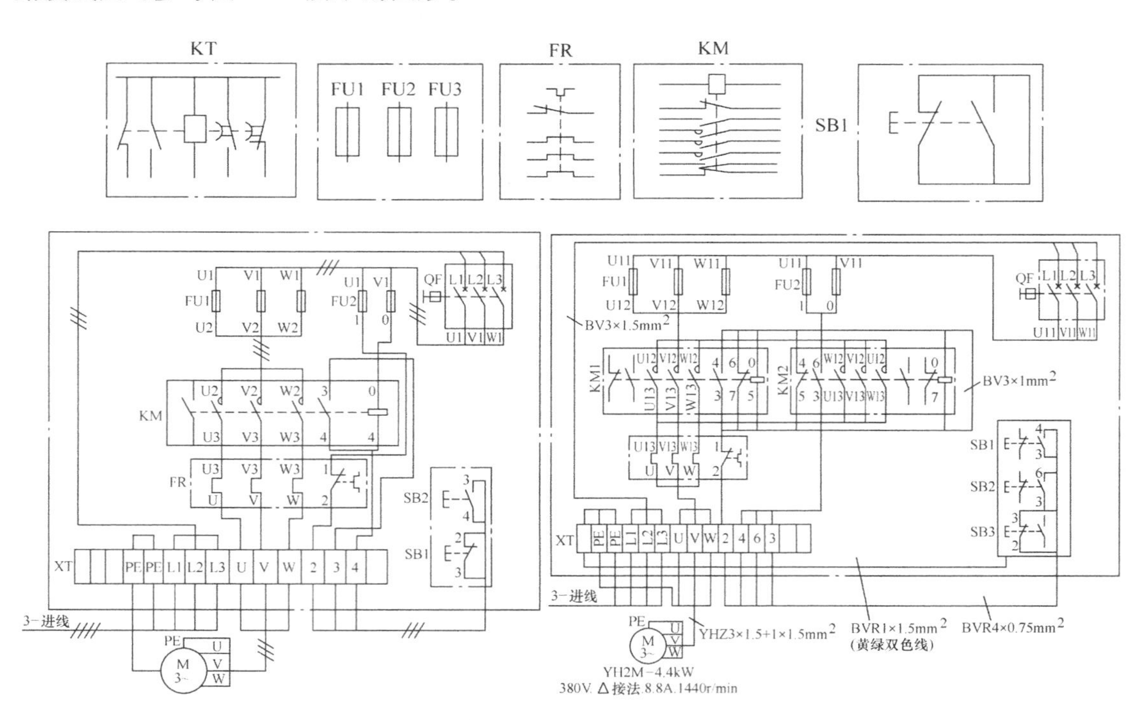

图 2-25 元器件内部结构图及电气线路接线图图例

画出主电路接线图。

画出控制线路接线图。

活动评价（表 2-12）

表 2-12　评价表

评价	教师在每组中抽一位同学陈述 Z3050 摇臂钻床电气线路的工作原理 小组互评、教师点评 小组名次

知识拓展

一、时间继电器自动控制Y－△减压启动控制线路

时间继电器自动控制Y－△减压启动控制线路如图2-26所示。该线路由三个接触器、一个热继电器、一个时间继电器和两个按钮组成。接触器KM作引入电源用，接触器KM_{Y}和$KM_{\triangle}$分别作Y形减压启动用和△形运行用，时间继电器KT用作控制Y形减压启动时间和完成Y－△自动切换，SB1是启动按钮，SB2是停止按钮，FU1作主电路的短路保护，FU2作控制电路的短路保护，FR作过载保护。

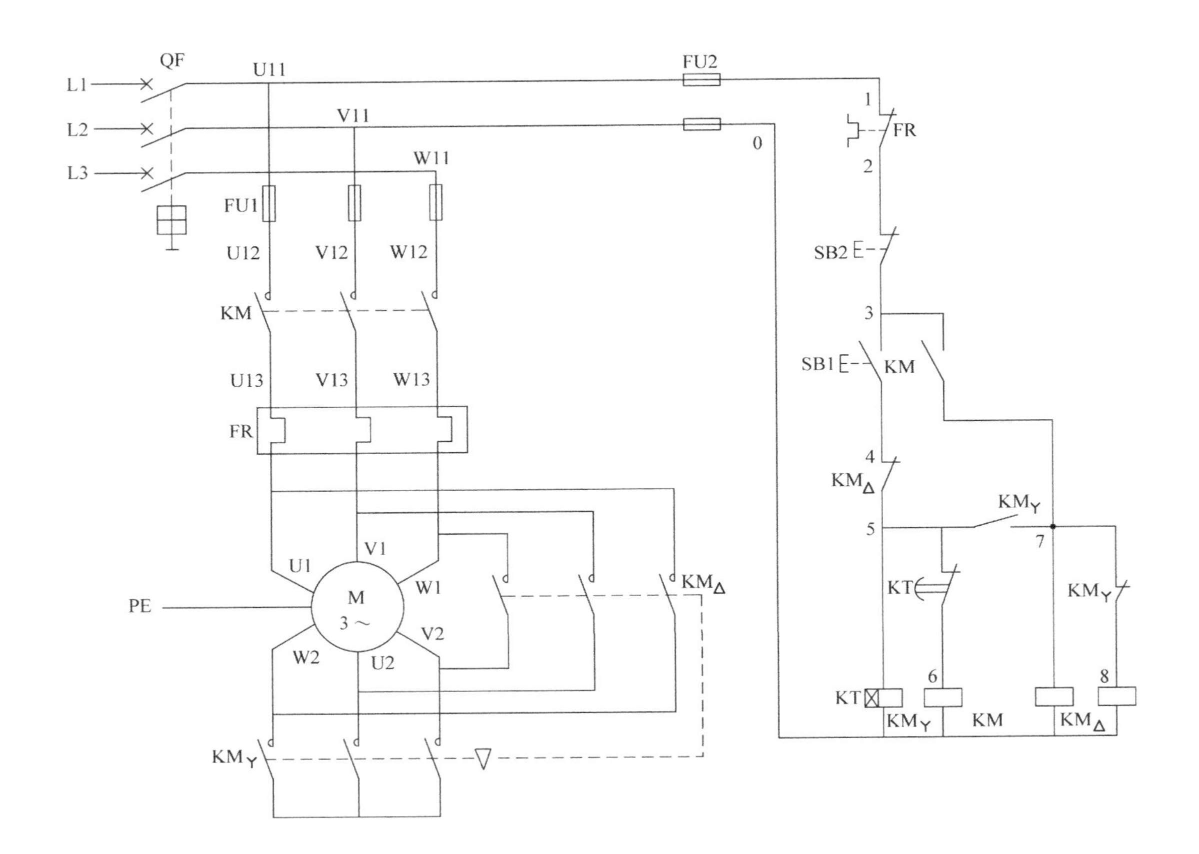

图2-26 时间继电器自动控制Y－△减压启动电路图

分析时间继电器自动控制Y－△减压启动控制线路的工作原理如下：

降压启动：先合上电源开关QF。

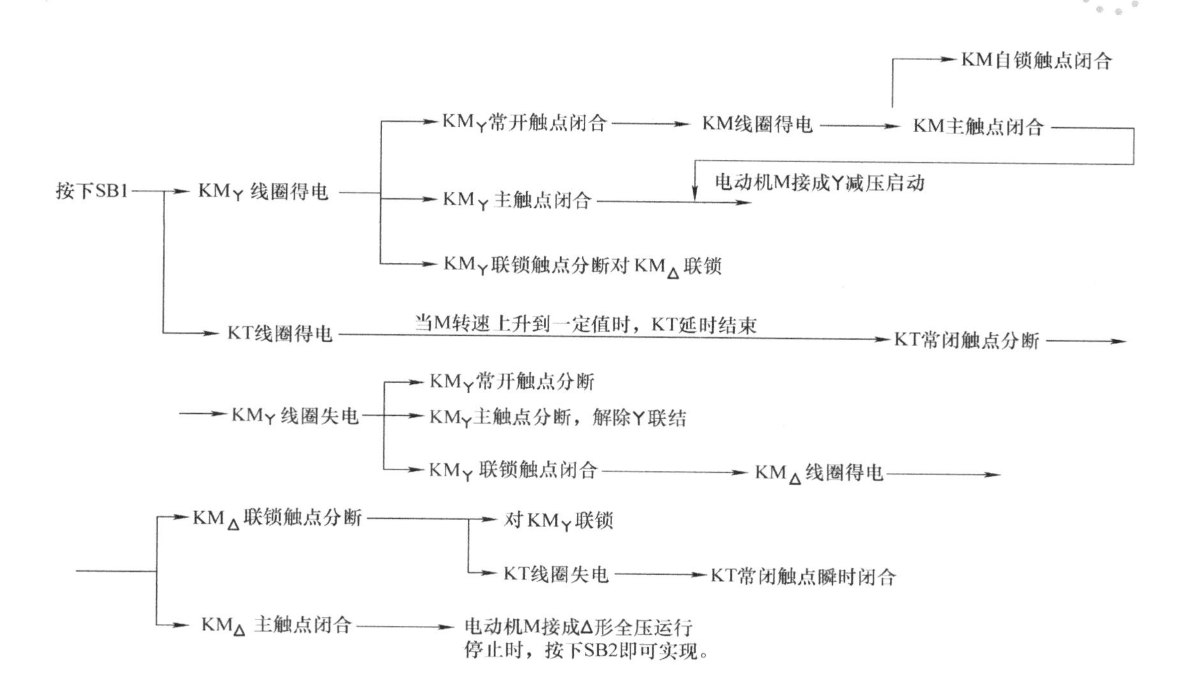

二、自动往返控制线路

工作台自动往返行程控制线路如图 2-27 所示。

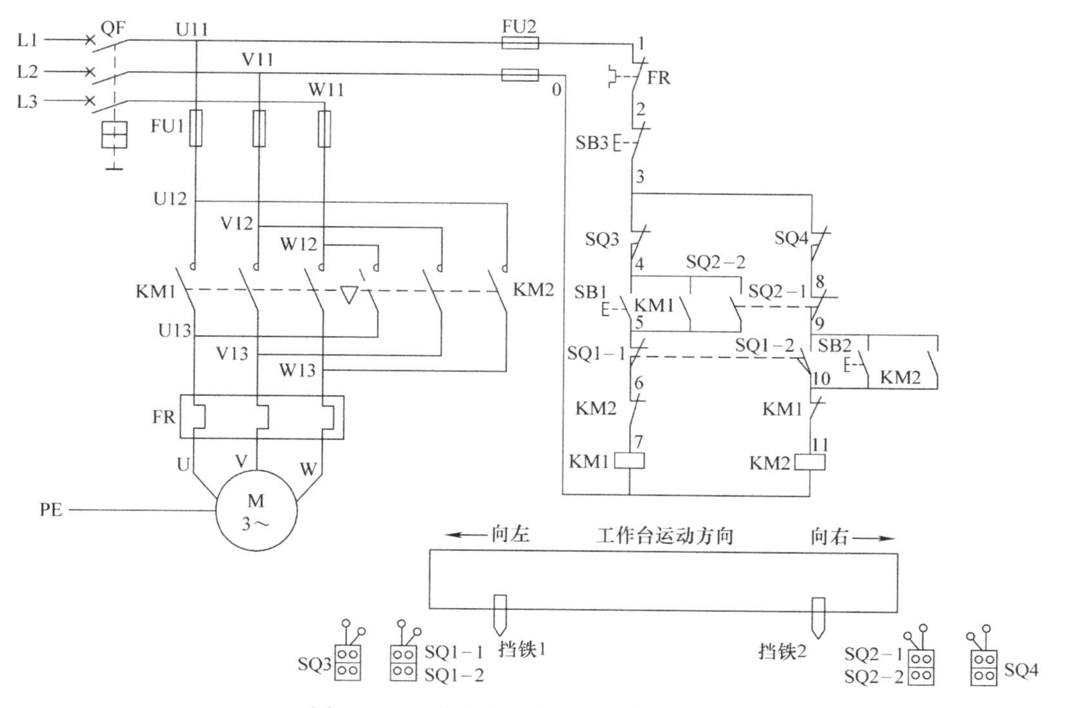

图 2-27　工作台自动往返行程控制线路

为了使电动机的正、反转控制与工作台的左右运动相配合，在控制线路中设置了四个行程开关 SQ1、SQ2、SQ3 和 SQ4，并把它们安装在工作台需限位的地方。其中 SQ1、SQ2 被用来自动换接电动机正、反转控制电路，实现工作台的自动往返行程控制；SQ3 和 SQ4 被用来作终端保护，以防止 SQ1、SQ2 失灵，工作台越过限定位置而造成事故。在工作台边的 T 形槽中装有两块挡铁，挡铁 1 只能和 SQ1、SQ3 相碰撞，挡铁 2 只能和 SQ2、SQ4 相碰撞。当工作台运动到所限位置时，挡铁碰撞行程开关，使其触头动作，自动换接电动机正、反转控制电路，通过机械传动机构使工作台自动往返运动。工作台行程可通过移动挡铁位置来调节，拉开两块挡铁间的距离，行程就短，反之则长。

先合上电源开关 QF，线路的工作原理如下：

自动往返运动：

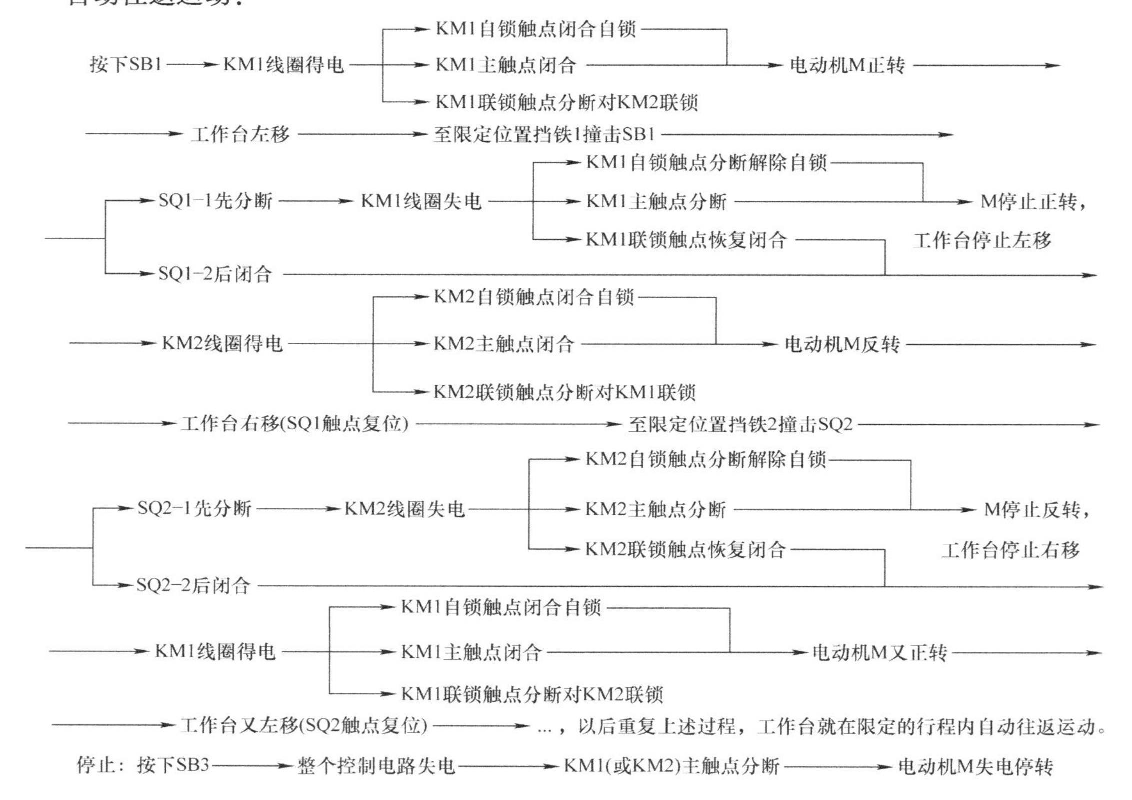

这里的 SB1、SB2 分别作为正转启动按钮和反转启动按钮，若启动时工作台在左端则应按下 SB2 进行启动。

活动三　撰写 Z3050 摇臂钻床电气控制线路的安装与调试方案

能力目标

1）掌握钻床电气系统的安装步骤及注意事项。
2）正确选择低压配电器。
3）掌握电工工具的使用技巧。
4）编写钻床的安装与检测方案。

活动地点

普通机床学习工作站。

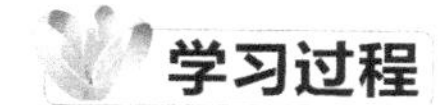

学习过程

你要掌握以下资讯与决策，才能顺利完成任务

小提示

学习与工作准备：

电工常用工具：剥线钳、压线钳、螺钉旋具、电钻等。

仪器仪表：绝缘兆欧表、万用表、钳形电流表等。

耗材器材：导线、线槽、护套管、胶带、金属软管、编码套管等。

图样类：电气原理图、元件布置图、接线图。

电工安全操作规程、电工手册、劳保用品。

设备元件：三相交流电源、三相异步电动机、元器件。

安装配线的步骤如下：

1）按照元器件表从仓管车间（材料区）领取电气耗材器材，配齐所用电器元件，并检验元件的质量及性能。

2）根据图 2-5 所示电气原理图，画出电器元件布置图，并对电气原理图按照配线工艺分解出接线图。

3）在电气控制柜背板上按接线布置图要求测绘划线，安装走线槽及挂上所有元器件，并按照要求把已做好的元件符号标牌贴到对应的实物上。安装线槽时，应按照测绘要求做到横平竖直、排列整齐匀称、间距合理、安装牢固，以便于走线维护等。

4）在控制柜内控制背板上进行板前线槽布线，并在导线两端部套编码管和接线端子，保证运行可靠检修方便。

5）在控制柜外面板进行开孔，安装增添按钮开关及信号灯，进行外面板内布线。

6）柜内背板元件与柜内面板之间通过端子排及软伸缩管进行连接。

7）钻床机身元器件、电动机与电气控制柜之间通过金属软管进行对接。

8）可靠地连接控制柜、电动机和电器元件金属外壳的保护地线。

9）自检、互检。

活动过程

一、根据活动二，列出所需的电气元件及工具（表 2-13）

表 2-13　工具材料清单

代号	名称	型号规格	数量	用　　途

（续）

代号	名称	型号规格	数量	用　途

二、阅读安装配线步骤，制订本组的实施方案

1. 明确 Z3050 摇臂钻床电气部分安装配线步骤及工序（表 2-14）

表 2-14　Z3050 摇臂钻床电气部分安装配线步骤及工序

步　骤	工 序 内 容	注 意 事 项

2. 人员分工（表 2-15）

表 2-15　人员分工表

组长：________

姓　名	负　责　事　项

3. 安全防护措施

1）工作环境周围应安装什么措施？

____

____

____

2）工作人员要穿戴什么劳保用品？

____

____

____

活动评价（表 2-16）

表 2-16　评价表

评价		小组竞赛	小组名次		
评分项目		评分标准	满分	评委给分	备注
一	材料工具清单	有错漏扣 5 ~ 10 分	30		
二	配线工序	安排不当扣 2 ~ 5 分 安排完全错误扣 5 ~ 10 分	20		
三	人员分工	人员分工不合理扣 5 ~ 10 分	30		
四	安全防护措施	列举劳保用品不当扣 2 ~ 5 分	20		
总分			100		

活动四　完成 Z3050 摇臂钻床电气控制线路的安装与调试

能力目标

1）依据安全规程，做好现场施工前的准备。

2）按图样工艺安装器件接线，掌握电气配线技巧，实现电气控制线路正确连接控制柜与机床对接，保证项目实施持续性。

3）能根据 Z3050 摇臂钻床电气原理图，制定调试方案，有序、安全地进行设备调试，并作各种调试记录。

4）调试完毕，现场 6S 管理后，进行安全通电试车。

5）根据企业现场 6S 管理要求，日清日毕、日事日毕，填写工程项目看板，确保项目安装进度、质量及时效性。

活动地点

普通机床学习工作站。

学习过程

你要掌握以下资讯与决策，才能顺利完成任务

安装配线工艺要求如下：

1）根据 Z3050 钻床容量及工艺要求，所有导线的截面积在等于 $0.5mm^2$ 时必须采用软线。考虑机械强度原因，所用导线的最小截面积，在控制柜内为 $1mm^2$，在控制箱外为 $0.75mm^2$。对控制箱或控制柜内很小电流的电路连线可用 $0.2mm^2$，并可采用硬线，只能用于无振动场合。导线连接的技巧、方式及工艺如图 2-28 所示。

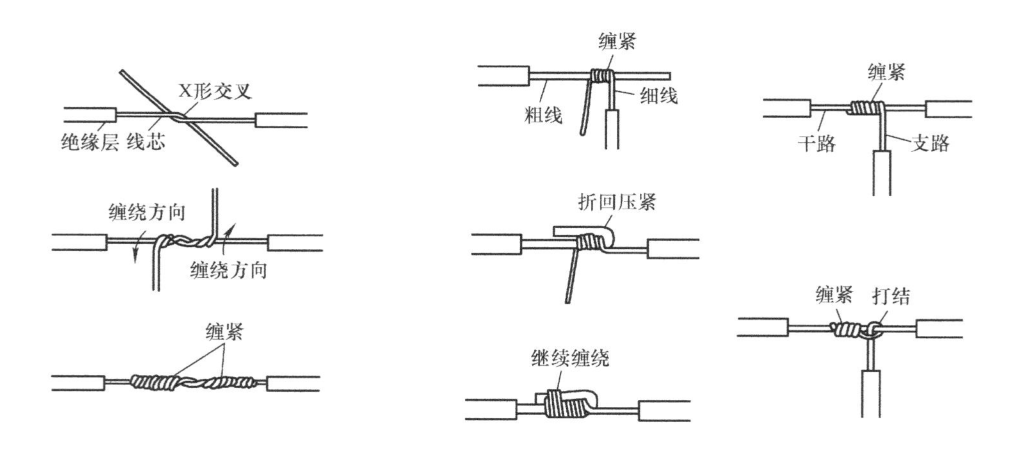

图 2-28　导线连接的技巧、方式及工艺

试一试

练习导线连接的技巧及工艺。

2）布线时，严禁损伤线芯和导线绝缘层。各电器元件接线端子引出导线的走向，以水平中心线为界限，在水平中心线以上接线端子引出的导线必须走元件上面的线槽，反之走下面的线槽。任何导线不能从水平方向进入线槽内，如图 2-29 所示。

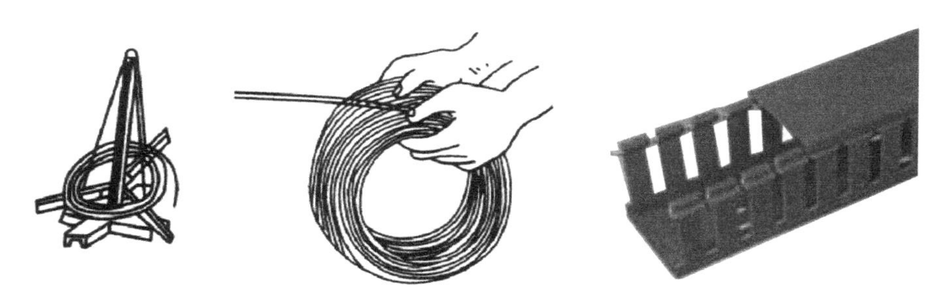

图 2-29　放线和布线槽

3）各电器元件接线端子上引出或引入的导线，除间距很小和元件机械强度很差的允许直接架空辐射外，其他导线必须经过线槽进行连接。

4）进入线槽内的导线要完全置于线槽内，并应尽可能地避免交叉，装线不要超过其容量的 70%，以便于盖上线槽盖和装配、维修。

5）各电器元件与走线槽之间的外露线，应走线合理，并尽可能做到横平竖直，改变路径时，要横弯垂直过渡。同一个元件上位置一致的端子和同型号电器元件中位置一致的端子引出或引入的导线，要敷设在同一平面，并应做到高低一致或前后一致，不得交叉。

6）所有接线端子、导线线头套有的号码管都应与电路图上相应接点线号保持一致，并按线号进行连接压线，必须可靠不得松动。

7）在任何情况下，接线端子必须与导线截面积和材料性质相适应。当接线端子不适合连接软线或较小截面积的软线时，可以在导线端头上穿上针形或叉形线鼻子并压紧。

8）一般一个接线端子只能连接一根导线，需多根导线共用一个接线端子时，可用线排短接或采用专门设计的端子，可以连接两根或多根导线。导线连接方式必须是公认的，在工艺上成熟的各种方式，如夹紧、压接、焊接、线接等，并应严格按照连接工艺的工序要求进行。

导线与接线端子和接线柱的连接方式如图 2-30、图 2-31 所示。

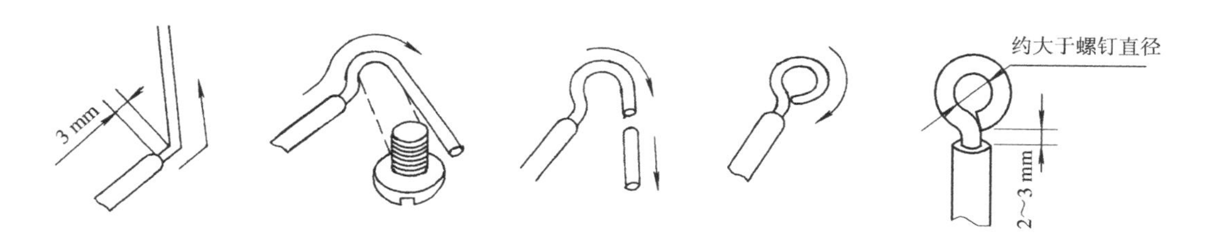

图 2-30　导线与接线柱连接

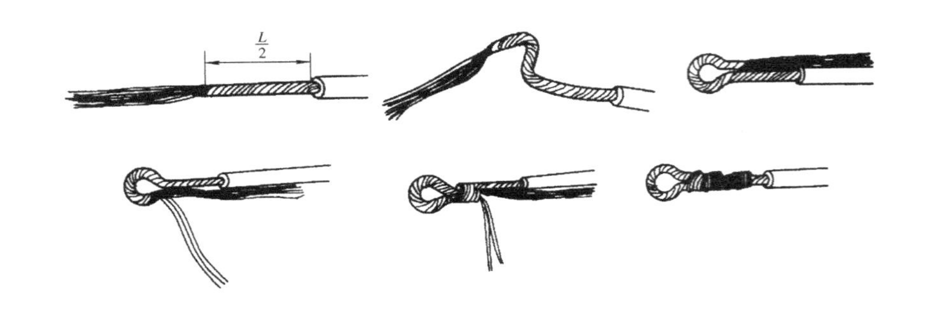

图 2-30　导线与接线柱连接（续）

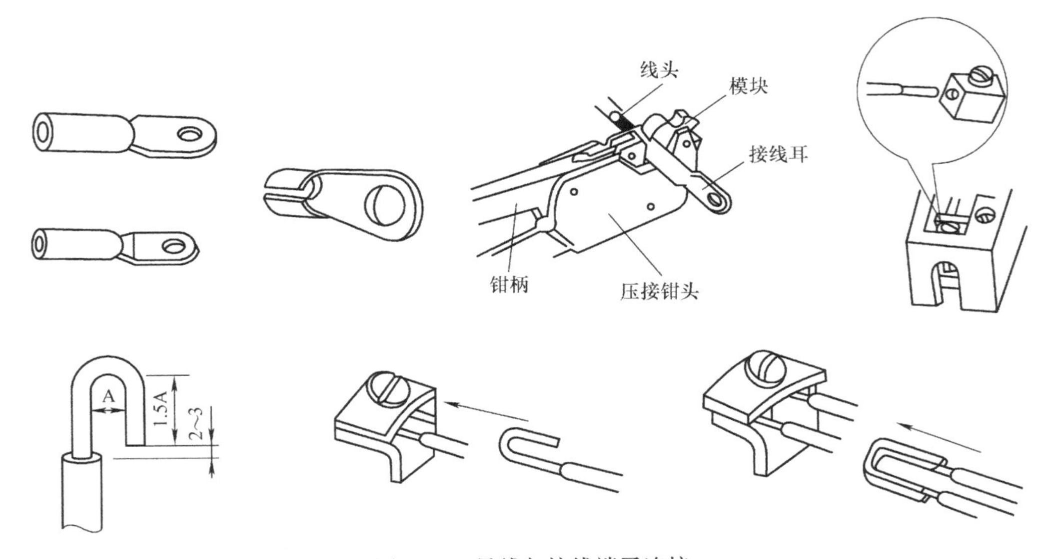

图 2-31　导线与接线端子连接

试一试

练习导线与接线端子连接的技巧及工艺。

活动过程

一、领取物品

组长到仓库领取电器元件、工具及劳保用品。

二、检测

组长组织本组成员在施工前逐一检测元件的完好性，修好能恢复功能的元件，更换已残缺的元件。

三、安装配线

1）完成控制线路的连接（从上到下、从左到右），将配线过程记录在表 2-17 中。

2）完成主电路的连接（从上到下、从左到右），将配线过程记录在表 2-18 中。

表 2-17　配线过程记录表

线路部位	遇到的配线问题	解决方法
电源引入线路		
照明线路		
接触器 KM1 线路		
接触器 KM2 线路		
接触器 KM3 线路		
接触器 KM4 线路		
接触器 KM5 线路		
电磁阀 YA1 线路		

表 2-18　配线过程记录表

线路部位	遇到的配线问题	解决方法
电源引入线路		
M1 线路		
M2 线路		
M3 线路		
M4 线路		

活动评价（表 2-19）

表 2-19　评价表

评价		小组竞赛	小组名次		
评分项目		评分标准	满分	评委给分	备注
一	导线连接	松紧不当扣 5～10 分	30		
二	布线工艺	导线选色错误扣 2～5 分 导线杂乱扣 5～10 分	20		
三	人员合作	人员合作不协调扣 5～10 分	30		
四	安全防护措施	劳保用品使用不当扣 5～10 分	20		
总分			100		

四、检测机床线路

在断电情况下，用仪表、手动操作检测机床线路是否正确，控制功能是否达到要求。

1. 万用表的使用

略

2. 兆欧表的使用

1）兆欧表用于检测电气设备、供电线路的绝缘电阻。

2）使用前的接线及仪表检查：

如图 2-32 所示，线路端钮 L 接________；接地端钮 E 接________。

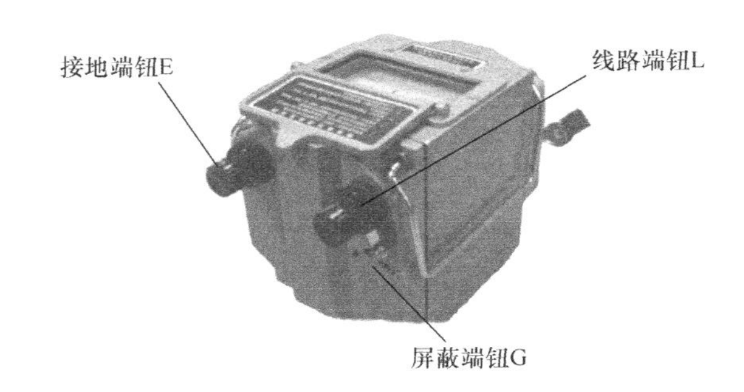

图 2-32　兆欧表

开路试验：在兆欧表未接通被测电阻之前，摇动手柄使发电机达到 120r/min 的额定转速，观察指针是否指在标度尺________（"∞"还是"0"）的位置。

短路试验：将线路端钮 L 和 E 短接，缓慢摇动手柄，观察指针是否指在标度尺的________（"∞"还是"0"）的位置。

特别注意

摇表未停止转动之前，或被测设备未放电之前，严禁用手触及，防止人身触电。

试一试

练习兆欧表的使用。

五、记录

用仪表检查线路，并做好检查记录，填于表 2-20 中。

表 2-20　检查线路记录表

线路单元	是否正常	故障现象	确定故障点	排除方法
电源引入				
冷却泵电动机主电路				
主轴电动机主电路				
摇臂电动机主电路				
液压泵电动机主电路				
照明及指示灯线路				
接触器 KM1 线路				
接触器 KM2 线路				
接触器 KM3 线路				
接触器 KM4 线路				
接触器 KM5 线路				
时间继电器 KT 线路				
电磁阀 YA1 线路				

活动评价（表 2-21）

表 2-21 评价表

评价	面向教师，各组派代表用仪表及手工操作测试机床电气线路是否正常 小组互评、教师点评 小组名次

六、清理

通电调试前，清理机床上剩余材料及工具等杂物。

七、调试

通电调试，操作机床，观察机床运行情况，记录故障现象并排除故障（表 2-22）。

表 2-22 故障记录并排除表

测试内容 / 机构单元	运作是否正常	故障现象	确定故障点	排除方法
液压系统单元				
摇臂升降加紧放松系统单元				
主轴及主轴箱机构单元				
人机保护单元				
冷却系统单元				
照明单元				
其他单点调试记录说明				

小提示

故障分析

1）摇臂不能上升（或下降）的故障点：

① 行程开关 SQ2。

② 接触器 KM2 或 KM3。

③ 摇臂升降电动机 M3 不转动。

④ 液压系统（泵卡死、不转，油路堵塞、相序接反等）。

2）摇臂上升（下降）到预定位置后，摇臂不能夹紧的故障点：

① 限位开关 SQ3。

② 接触器 KM4 或 KM5。

③ 电磁铁 YA1。

④ 液压电动机 M4 不转动。

3）立柱、主轴箱不能夹紧（或松开）的故障点：

① 按钮 SB5 或 SB6。

② 接触器 KM4 或 KM5。

③ 油路堵塞。

4）按 SB6 按钮，立柱、主轴箱能夹紧，但放开按钮后，立柱、主轴箱却松开的故障点：

① 菱形块。

② 液压系统。

活动评价（表 2-23）

表 2-23　活动评价表

项目	小组自检		小组互检		整改措施
	合格	不合格	合格	不合格	
电气元件选择的正确性					
导线选用、穿线管选用的正确性					
各器件、接线端子固定的牢固性					
是否按规定套编码套管					
控制箱内外元件安装是否符合要求					
有无损坏电器元件					
导线通道敷设是否符合要求					
导线敷设是否按照电路图					
有无接地线					
主开关是否安全妥当					
各限位开关安装是否合适					
工艺美观性如何					
继电器整定值是否合适					
各熔断器熔体是否符合要求					
操作面板所有按键、开关、指示灯接线是否正确					
电源相序是否正确					
电动机及线路的绝缘电阻是否符合要求					
有无清理安装现场					
控制电路的工作情况如何					
点动各电动机转向是否符合要求					
指示信号和照明灯是否完好					
工具、仪表的使用是否符合要求					
是否严格遵守安全操作规程					

活动五　总结、评价与反馈

能力目标

1）通过对 Z3050 摇臂钻学习与工作过程的回顾，学会客观评价、撰写总结。

2）通过自评、互评、教师评价，能够学会沟通，体会到自己的长处与不足，建立自信。

3）通过小组交流学习，展示成果。

活动地点

普通机床学习工作站。

学习过程

一、写下工作总结

二、制作小组总结汇报展

以小组为单位，选择演示文稿、展板、海报、录像等形式中的一种或几种，制作总结汇报展。

三、展示

展示总结汇报展，分享学习成果，并完成评价表（表 2-24）

表 2-24　评价表

评价	各组选出优秀成员在全班讲解你组最优秀的总结 小组互评、教师点评 小组名次

活动过程

一、完成评价表（表 2-25）

表 2-25 评价表

评价项目	评价内容	评价标准	评价方式		
			自我评价	小组评价	教师评价
职业素养	安全意识、责任意识	A. 作风严谨、自觉遵章守纪、出色地完成工作任务 B. 能够遵守规章制度、较好地完成工作任务 C. 遵守规章制度、没完成工作任务或完成工作任务，但忽视规章制度 D. 不遵守规章制度、没完成工作任务			
	学习态度主动	A. 积极参与教学活动，全勤 B. 缺勤达本任务总学时的 10% C. 缺勤达本任务总学时的 20% D. 缺勤达本任务总学时的 30%			
	团队合作意识	A. 与同学协作融洽、团队合作意识强 B. 与同学能沟通、协同工作能力较强 C. 与同学能沟通、协同工作能力一般 D. 与同学沟通困难、协同工作能力较差			
专业能力	学习活动 1 明确工作任务	A. 按时、完整地完成工作页，问题回答正确，图样绘制准确 B. 按时、完整地完成工作页，问题回答基本正确，图样绘制基本准确 C. 未能按时完成工作页，或内容遗漏、错误较多 D. 未完成工作页			
	学习活动 2 施工前的准备	A. 学习活动评价成绩为 90 ~ 100 分 B. 学习活动评价成绩为 75 ~ 89 分 C. 学习活动评价成绩为 60 ~ 74 分 D. 学习活动评价成绩为 0 ~ 59 分			
	学习活动 3 现场施工	A. 学习活动评价成绩为 90 ~ 100 分 B. 学习活动评价成绩为 75 ~ 89 分 C. 学习活动评价成绩为 60 ~ 74 分 D. 学习活动评价成绩为 0 ~ 59 分			
创新能力		学习过程中提出具有创新性、可行性的建议	加分奖励		
班级			学号		
姓名			综合评价等级		
指导教师			日期		

二、请完成以下的调查问卷

教学内容　　　　容易理解□　　　　不易理解□

理由/说明：________________________________

教学目标　　　　容易理解□　　　　不易理解□

理由/说明：________________________________

对解决专业问题的指导　　　　容易理解□　　　　不易理解□

理由/说明：________________________________

学习任务三

M7130平面磨床电气控制线路的安装与调试

任务情境

我院机电工程系机加工学习工作站新购置10台M7130型平面磨床，由于马上有学生要进入实训操作阶段，而电气安装人员又不足，学院实训设备管理处委派我院电气组负责此项任务，电气组李老师认为在他的带领下我班同学能够胜任此项任务，于是我班和李老师一起接下此任务，要在规定期限完成安装、调试，并交付验收。

李老师和我班同学们接到M7130型平面磨床电气控制线路的安装任务书后，到现场勘察具体情况，查阅该车床的相关资料，制定出了M7130型平面磨床电气控制线路的安装与调试方案，并与机电工程系机加工车间设备管理员沟通后，确定安装调试步骤，准备材料工具，按照规范，进行M7130型平面磨床电气控制线路的安装、调试。调试正常后报设备管理员验收，交付使用，清理现场，并填写验收报告。

学习内容

1. 安装任务书的内容。
2. 平面磨床的主要结构。
3. 平面磨床的运动形式。
4. 平面磨床对电气控制的要求。
5. 电路的组成。
6. 电路的图形符号。
7. 平面磨床主电路和控制电路的工作原理。
8. 平面磨床的常见电气故障。
9. 安装检测的方法步骤及注意事项。
10. 安全防护措施及安全操作规程。
11. 接线安装工艺。
12. 电路的检测及故障分析。

活动一　接任务单、获取信息

能力目标

1）识读M7130平面磨床电气控制线路的安装与调试任务单，明确任务单的内容。

2）参观M7130平面磨床，明确M7130平面磨床的主要结构、运动形式和操作方法，并对设备的操作规定有初步认识，养成良好的习惯。

3）参观M7130平面磨床的配电盘。

活动地点

M7130平面磨床学习工作站。

学习过程

接任务单，见表3-1。

表3-1　M7130平面磨床电气控制线路的安装与调试任务单

单号：________　　开单部门：____________________　　开单人：________

开单时间：________年________月________日________时________分

接单部门：________部________组________

任务概述	我院机电工程系机加工学习工作站新购置10台M7130平面磨床，由于马上有学生要进入实训操作阶段，而电气安装人员又不足，故要求电气班学生在规定期限完成安装、调试，并交付验收
任务完成时间	要求由即日起10个工作日完成任务，并交付机电工程系机加工学习工作站使用
接单人	（签名） 年　月　日

想一想

1. 派发任务单后，根据任务情境描述，把任务单中的其余空白部分填写完成。

2. 通过读任务单，回答以下问题：

1）该任务完工时间是什么时间？

________年________月________日。

2）根据任务情境描述，完工后交给谁验收？

____

3）读完任务单后，还有哪些不明白的内容，请记录下来。

____

____

____

小提示

信息采集源：1）《M7130 平面磨床用户手册》、《M7130 平面磨床操作手册》、《机床电气控制电路安装》

2）http：//www. baidu. com

其他：________________________________

活动过程

一、安全教育

教师组织学生到企业或者本校实训基地参观 M7130 平面磨床（图 3-1），观察实际工作情况，明确 M7130 平面磨床的主要结构、运动形式和操作方法（M7130 平面磨床是一种较沉旧的设备，但由于其电气控制线路的典型性，且新产品多为模块化，不利于拆装，故仍以此型号为例）。

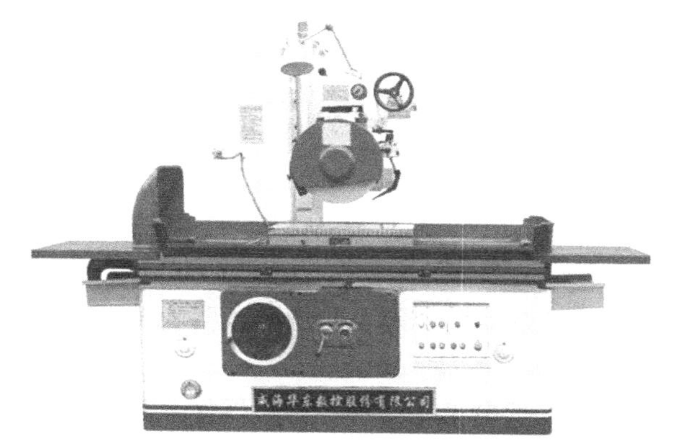

图 3-1 M7130 平面磨床

去企业参观 M7130 平面磨床时，你认为要注意的内容有哪些（请选择）？

1）你在教师和现场工作人员的带领下进入了企业，这时你该服从________。

A. 班主任的安排　　B. 班长的安排

C. 现场工作人员的安排　　D. 组长的安排

2）进入实习场地参观时，你认为应该穿如图 3-2 所示的________较合适。

A.西服

B.工作服

C.制服

D.休闲服

图 3-2 各种工作服装

3）如图 3-3 所示，如果长头发者进入实习场地应该________。

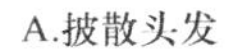

A.披散头发

B.扎起头发

C.戴好帽子

图 3-3　发型的选择

4）在企业参观的时候是否可以用相机或者录像机来记录呢？为什么？

____

____

____

小提示

明确参观的任务：

1）记录设备操作安全规定指示牌的内容。

2）参观 M7130 平面磨床，观察其实际工作情况，明确 M7130 平面磨床的主要结构、运动形式和操作方法。

3）参观 M7130 平面磨床的配电盘，观察各种元器件及其安装位置和配线。

二、参观 M7130 平面磨床

穿戴好工作服、绝缘鞋，到现场后听从现场工作人员的安排，认真听现场工作人员讲解参观时的安全注意事项，在现场工作人员的指引下进入设备现场参观，并做好相关记录。

想一想

在参观过程中，你一定看到了不少的铭牌，如图 3-4 所示，________是本任务中要安装的磨床的铭牌。

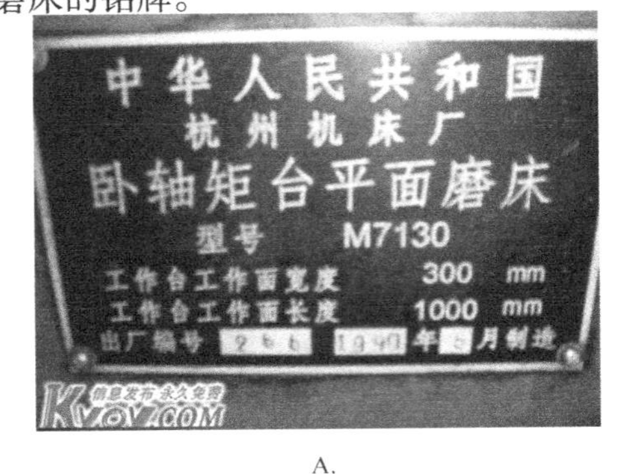

A.

B.

图 3-4　各种机床铭牌

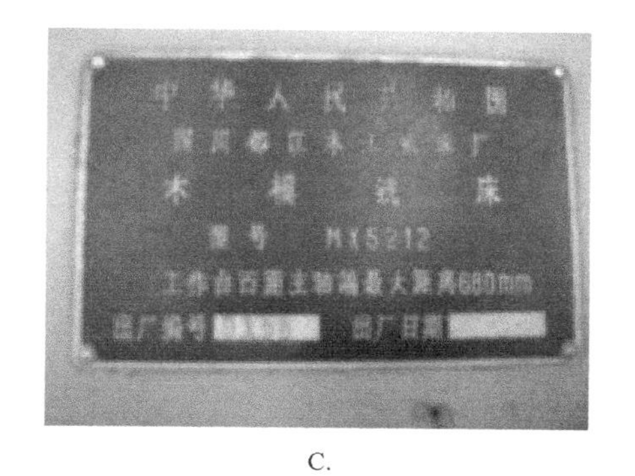

C.

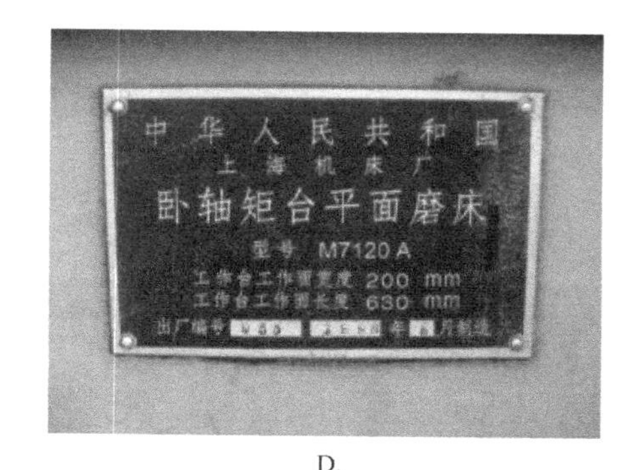

D.

图 3-4 各种机床铭牌（续）

知识拓展

一、M7130 平面磨床的基本认识

1. 磨床的分类

机械加工中，当对零件的表面粗糙度要求较高时，就需要用磨床进行加工。磨床是用砂轮的圆周或端面对工件的表面进行加工的一种精密机床。磨床的种类很多，根据用途不同可分为平面磨床、内圆磨床、外圆磨床、无心磨床等。请根据下面的图片和定义填写空白处。

________磨床：用于表面质量要求较高的各种平面的半精加工和精加工，常采用平面磨削方法，如图 3-5 所示。

________磨床：用于磨削各种轴类和套筒类工件的内圆柱面、内圆锥面，以及台阶轴端面，如图 3-6 所示。

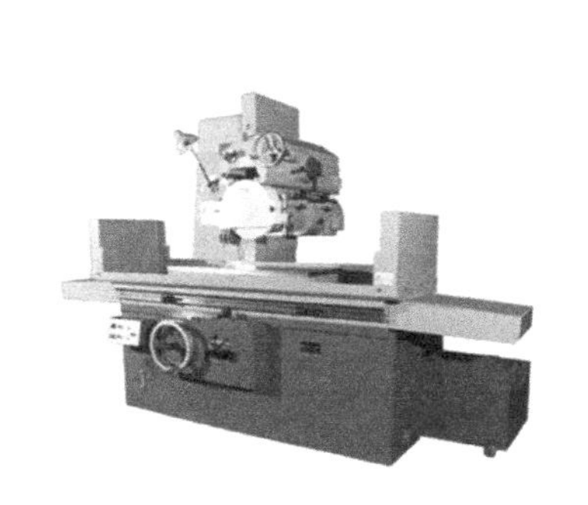

图 3-5 平面磨床

图 3-6 内圆磨床

________磨床：主要用于磨削圆柱形和圆锥形外表面的磨床，如图 3-7 所示。

________磨床：工件采用无心夹持，一般支承在导轮和托架之间，由导轮驱动工件旋转进行磨削，如图 3-8 所示。

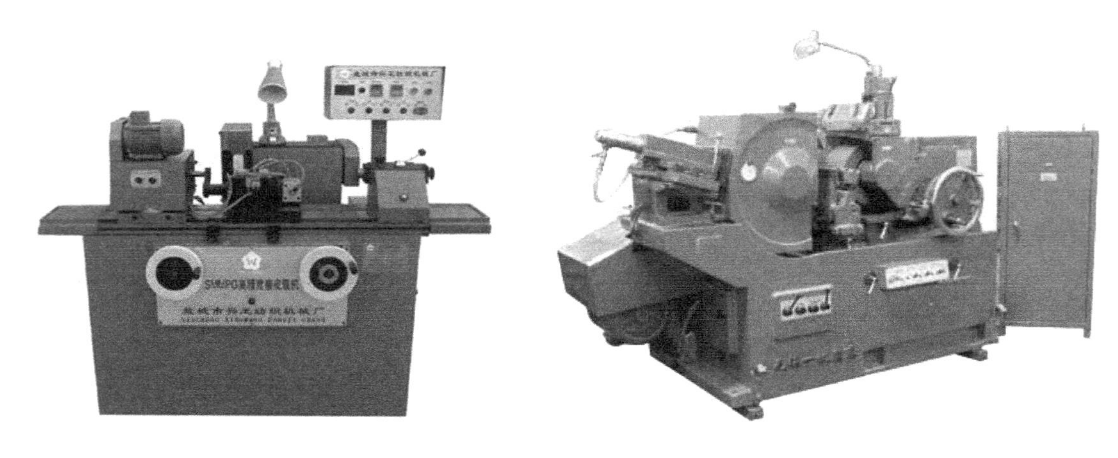

图 3-7　外圆磨床　　　　图 3-8　无心磨床

2. 平面磨床的主要结构

M7130 平面磨床主要由床身、工作台、立柱、电磁吸盘、砂轮、砂轮架、滑座组成，请根据参观的结果将结构名称填在图 3-9 中空白的地方。

图 3-9　M7130 平面磨床的主要结构

3. M7130 平面磨床的剖析结构图（图 3-10）

想一想

你能把上下两个图联系起来吗?

4. 平面磨床的基本参数值（表 3-2）

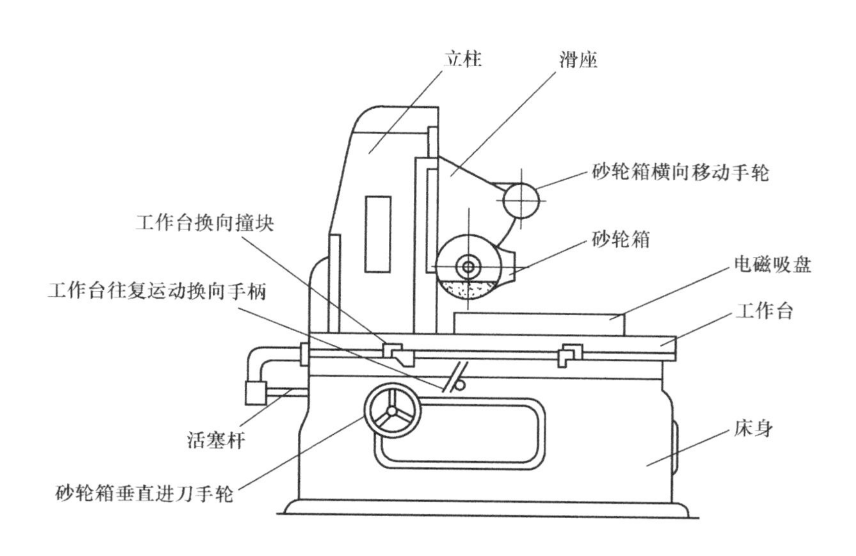

图 3-10 M7130 平面磨床的剖析结构图

表 3-2 平面磨床的基本参数值

型号		单位	M7130	M7140
工作台	工作台面尺寸（长×宽）	mm	1000×300	1000×400
	最大磨削尺寸（长×宽×高）	mm	1000×300×350	1000×400×400
	工作台最大纵向行程	mm	1100	1100
	工作台速度（无极）	m/min	3~27	3~27
	工作台承制量（含电磁吸盘）	kg	350	550
磨头	砂轮轴中心至工作台面距离（最大）	mm	600	600
	磨头最大横向行程（手摇）	mm	480	480
	磨头横向行程断续进给量	mm/次	3~30	3~30
	砂轮轴转速	r/mm	1440	1440
	垂直进给手轮刻度盘值	mm	0.01	0.01
电动机功率	砂轮尺寸（外径×内径×宽）	mm	350×127×40	400×127×40
	电动机总功率	kW	9	9
	磨头电动机功率	kW	5.5	7.5
工作精度	加工表面对基面的平行度	mm	300:0.005	300:0.005
	表面粗糙度	μm	*Ra*0.63	*Ra*0.63

从表 3-2 中可以知道 M7130 平面磨床的哪些数值呢?

5. 机床型号

你参观的磨床型号是什么？从该磨床型号中你能得知哪些信息？查阅资料，你还能列举出哪些型号？

____

____

该磨床型号意义如下：

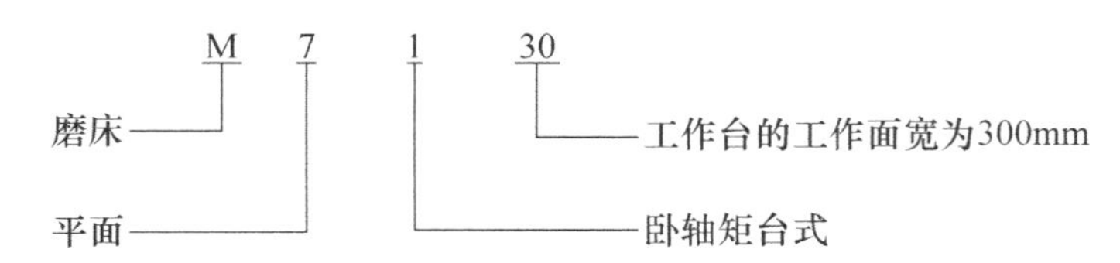

二、元器件的学习

回忆一下你所学过的继电器都有什么？请将图 3-11 所示继电器名称与外形连线。

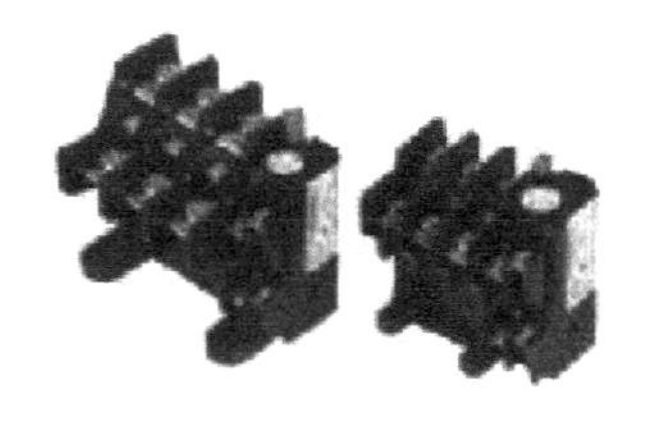

电子式时间继电器　　气囊式时间继电器　　电磁式继电器　　中间继电器　　热继电器

图 3-11　继电器

你对电压继电器知道多少？请根据材料并借助网络查找或查阅相关书籍，完成以下空白处的填写。

1. 电压继电器的分类

电压继电器（图 3-12）是一种按________值动作的继电器，按电压分为________和

________两种；按作用分________电压继电器和________电压继电器两种；按种类来分，有静态电压继电器、无辅源静态电压继电器、直流电压继电器、电压监测继电器、负序电压继电器和正序电压继电器等。电压继电器用于继电保护线路中，作为过电压保护或低电压闭锁的动作元件。

2. 电压继电器的特点

电压继电器是一种常用的电磁式继电器，用于电力拖动系统的电压保护和控制。其并联接入主电路，用于感测主电路的电路电压；接于控制电路时，为执行元件。

过电压继电器（FV）用于电路的________保护，其吸合整定值为被保护电路额定电压的1.05~1.2倍。当被保护的电路电压正常时，衔铁不动作；当被保护的电路的电压高于额定值，达到过电压继电器的整定值时，衔铁吸合，触点机构动作，控制电路失电，控制接触器及时分断被保护电路。

欠电压继电器（KV）用于电路的________保护，其释放整定值为电路额定电压的0.1~0.6倍。当被保护电路电压正常时，衔铁可靠吸合；当被保护电路电压降至欠电压继电器的释放整定值时，衔铁释放，触点机构复位，控制接触器及时分断被保护电路。

过电压继电器

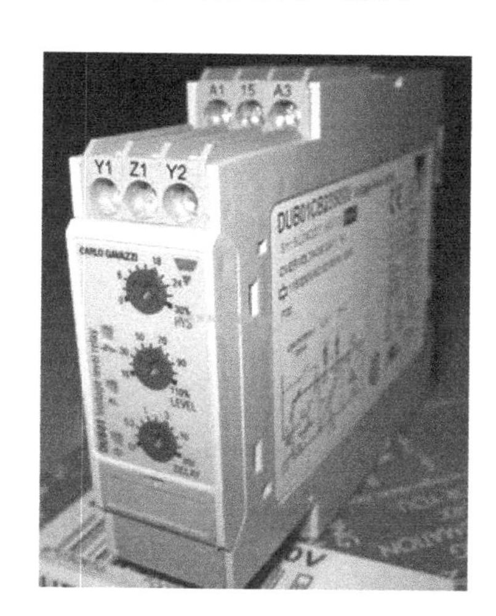

欠电压继电器

图 3-12　电压继电器

3. 电压继电器的结构

电压继电器是一种根据电压变化而动作的继电器，在电路中用符号 KV 表示。查阅资料，对照实物或模型，认识电压继电器的结构，将图 3-13 补充完整。

想一想

1）电压继电器线圈与触点在电路中的连接方式是怎样的？

2）电压继电器是如何实现欠电压保护功能的？

3）电压继电器的常开触点何时闭合？若不闭合，对电路有何影响？

图 3-13　电压继电器的结构

三、整流桥

1. 认识二极管

你认识如图 3-14 所示的这些电子元件吗？请指出哪个是普通二极管，哪个是整流二极管，哪个是发光二极管，哪个是光敏二极管，并在括号内正确填写。

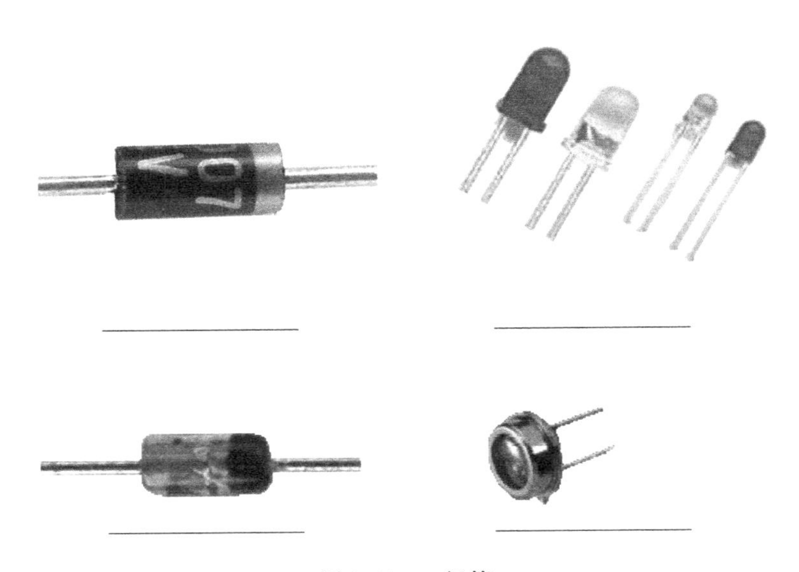

图 3-14　二极管

二极管的主要参数见表 3-3。

表 3-3　二极管的主要参数

参数	名　称	说　　明
I_F	最大整流电流	二极管长期运行时，允许通过二极管的最大正向平均电流，其大小与二极管内 PN 结的结面积和外部的散热条件有关。工作时，电流若超过 I_F，二极管将会因过热而烧坏
I_R	反向漏电流	指室温下加反向规定电压时流过的反向电流，I_R 越小说明二极管的单向导电性越好，其大小受温度影响越大。硅二极管的反向电流一般在纳安（nA）级，锗二极管在微安（mA）级
U_R	最高反向工作电压	允许长期加在两极间反向的恒定电压值。为保证二极管安全工作，通常取反向击穿电压的一半作为 U_R，工作实际值不超过此值
U_B	反向击穿电压	发生反向击穿时的电压值
f_M	最高工作频率	二极管所能承受的最高频率，主要受到 PN 结的结电容限制。通过 PN 结交流电频率高于此值时，二极管将不能正常工作

二极管主要有以下种类：

1）普通二极管，一般是玻璃封装，如图 3-15 所示，用于高频检波、鉴频限幅、小电流整流等场合。

2）整流二极管，如图 3-16 所示，可实现不同功率的整流。整流指限定电流的方向，是交流电转变成直流电的一个处理过程。

图 3-15　普通二极管

图 3-16　整流二极管

3）稳压二极管，如图 3-17 所示，外形与普通二极管一样，也是玻璃封装居多。稳压二极管是一种大面积结构的二极管，它工作于反向状。

4）发光二极管（LED），如图 3-18 所示。发光二极管具有高亮度、高清晰度、低电压（1.5 ~ 3V）、反应快、体积小、可靠性高、寿命长等特点，常用于信号指示、数字和字符显示。

图 3-17　稳压二极管

图 3-18　发光二极管

2. 整流桥概述

想一想

你对整流桥知道多少？根据材料、网络查找或查阅相关书籍，完成以下空白处的填写。

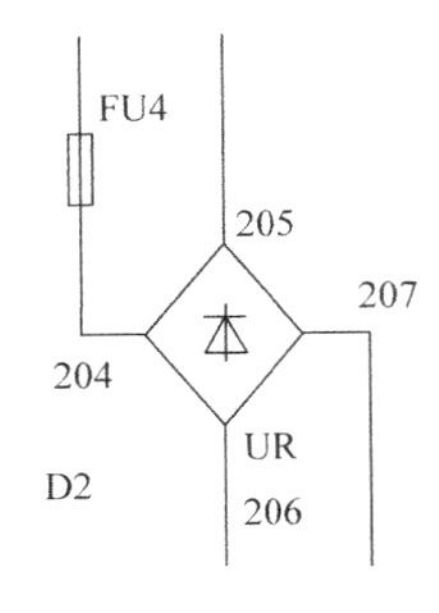

图 3-19　电路图

1）图 3-19 所示的电路图中有一个元件是 VC，VC 是________元件。

A. 二极管　　B. 四个二极管　　C. 整流桥

2）想一想，电路中的电压在经过了整流桥之后________。

A. 有变化　　B. 没变化　　C. 电压不稳定

3）观察一下，电路中用了________整流桥。

A. 1 个　　B. 2 个　　C. 3 个

4）整流桥的工作原理图是什么样的？请在图 3-20 中你认为正确的图下面打“√”。

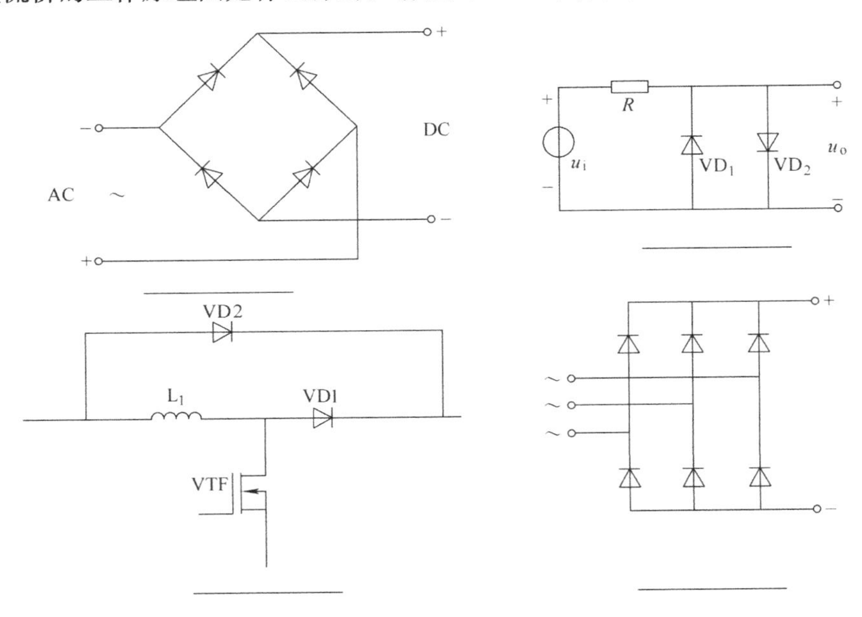

图 3-20　各种电路图

5）整流桥的作用是什么？

____

____

____

6）整流桥通常应用在________领域。

A. 电镀电解　　B. 直流电动机　　C. 高压直流静电

D. 变频电动机的逆变电源　　E. 蓄电池充电

7）电气原理图中的 VC 称为整流桥，它实质上是一个整流电路，请对照 M7130 平面磨床电气原理图，在图 3-21 中画出具体整流电路的电路图。

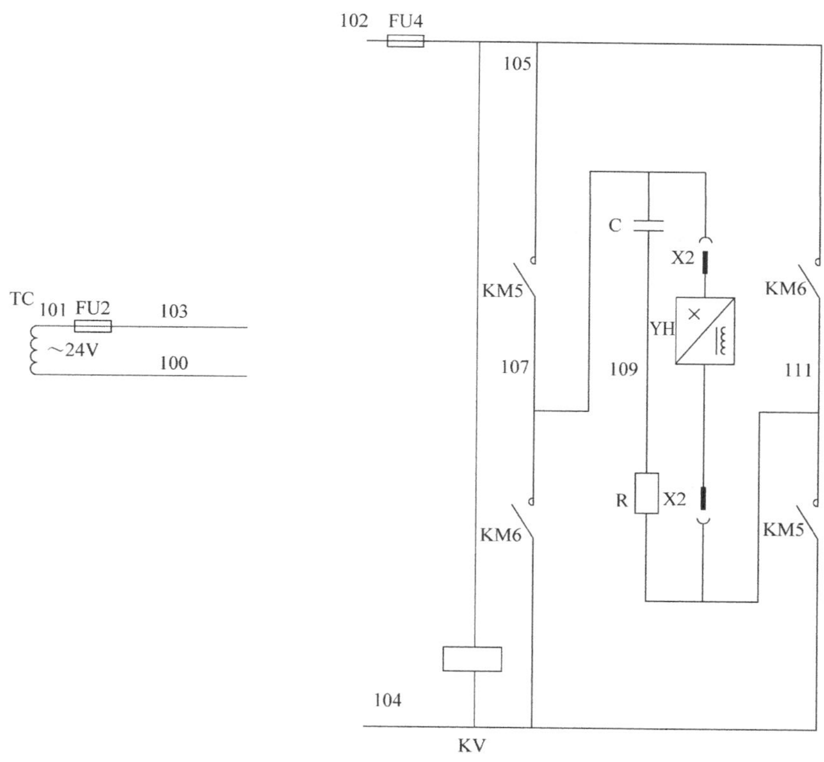

图 3-21　整流电路的电路图

小提示

整流桥就是四个二极管组成单相桥式整流电路封装在一个集成块里。整流桥的作用简单来说就是整流，即将前面输送来的交流电变为全波脉动直流电。其外形如图 3-22 所示。

图 3-22　整流桥的外形

1）整流桥的整流作用介绍：整流是通过二极管的单向导通原理来完成工作的，即正向导通和反向截止，也就是说，二极管只允许电流单向通过，所以将其接入交流电路时，它能使电路中的电流只按单向流动，即所谓“整流”，用两只二极管可实现半波整流，四只二极管可实现全波整流。

2）整流桥的结构：整流桥通常是由两只或四只整流硅芯片作桥式连接，两只整流硅芯片组成的称为半桥，四只整流硅芯片组成的则称为全桥。其外部采用绝缘塑料封装而成，大功率整流桥在绝缘层外添加锌金属壳包封，以增强散热性能。

3）整流桥的分类：整流桥具有体积小，使用方便等特点，在家用电器和工业电子电路中应用非常广泛。常用的小功率整流桥有全桥和半桥之分，全桥常见的型号有 QL52 ~ 61 系列，PM104M 和 BR300 系列等。半桥有三种结构：一种是将两只二极管顺向串联，在结点处引出一电极（如 2CQ1 型），另一种是将两只二极管背靠背式反极性连接（称为共阴式，如2CQ2型)，第三种是将两只二极管头碰头式反极性连接（称为共阳式，如2CQ3型）。

想一想

三相半波整流和三相桥式全波整流有哪些区别?

四、电磁吸盘YH

你对电磁吸盘知道多少？请根据材料、借助网络查找或查阅相关书籍，完成以下空白处的填写并回答问题。

1. 电磁吸盘的定义

电磁吸盘（图3-23）是一种________的夹具。它与机械夹紧装置相比，优点是操作快捷，不损伤工件，并能同时吸牢多个小工件，在加工过程中发热工件可以自由伸缩；其存在的主要问题是必须使用直流电源，不能吸牢非磁性材料（如铝、铜等）小件。

2. 电磁吸盘的用途和特性

矩形电磁吸盘系________或铣床的磁力工作台，用以吸附各类导磁工件，实现工件的定位和磨削加工。该系列吸盘吸力均匀，定位可靠，操作方便，可直接安装在平面磨床或铣床上使用，是一种理想的________夹具。

3. 电磁吸盘的结构

对照实物或模型，查阅相关资料，认识电磁吸盘的结构，将图3-24补充完整。

图3-23 电磁吸盘

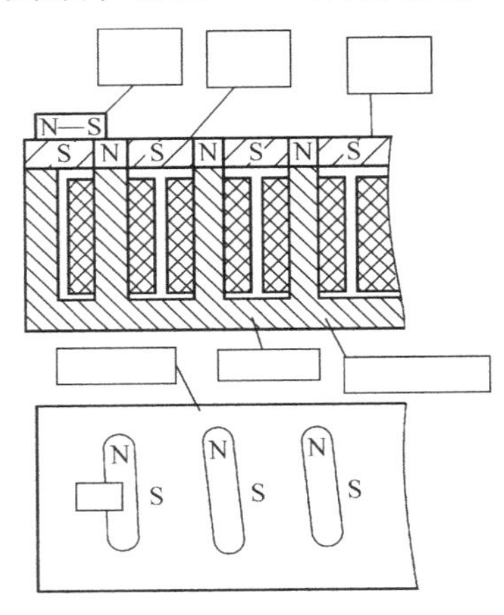

图3-24 电磁吸盘的结构

不同的电磁吸盘有不同的用途，请查阅相关资料进行正确的选择。

1）普通矩形电磁吸盘（图3-25）的主要用途是________。

A. 矩台平面磨床　　B. 铣床、刨床、加工中心

C. 圆台平面磨床　　D. 磨刀机

2）强力电磁吸盘（图3-26）的主要用途是________。

A. 矩台平面磨床　　B. 铣床、刨床、加工中心

C. 圆台平面磨床　　D. 磨刀机

3）密极电磁吸盘（图3-27）的主要用途是________。

A. 矩台平面磨床　　B. 铣床、刨床、加工中心

C. 圆台平面磨床　　　　　　　　D. 磨刀机

4）多功能强力电磁吸盘（图 3-28）的主要用途是________。

A. 矩台平面磨床　　　　　　　　B. 铣床、刨床、加工中心

C. 圆台平面磨床　　　　　　　　D. 磨刀机

图 3-25　普通矩形电磁吸盘

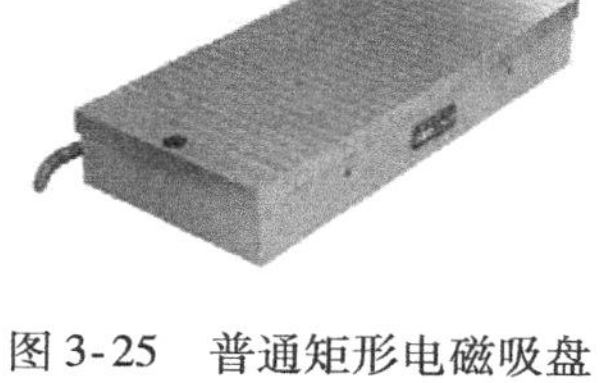

图 3-26　强力电磁吸盘

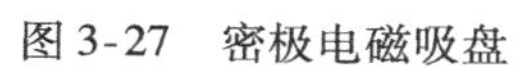

图 3-27　密极电磁吸盘

图 3-28　多功能强力电磁吸盘

5）磨刀专用电磁吸盘（图 3-29）的主要用途是________。

A. 矩台平面磨床　　　　　　　　B. 铣床、刨床、加工中心

C. 圆台平面磨床　　　　　　　　D. 磨刀机

6）圆形电磁吸盘（图 3-30）的主要用途是________。

A. 矩台平面磨床　　　　　　　　B. 铣床、刨床、加工中心

C. 圆台平面磨床　　　　　　　　D. 磨刀机

图 3-29　磨刀专用电磁吸盘

图 3-30　圆形电磁吸盘

小提示

1. 电磁吸盘的使用说明

矩形电磁吸盘两侧有吊装螺孔，在安装时拧入 T 形螺钉即可吊装。用 T 形块和螺钉将其固定在工作台上，接通机床上的直流电源和地线，然后将吸盘上平面精磨一次，以保证上平面对底面的平行度。在吸附工件时，只要搭接相邻的两个磁极，即可获得足够的定位吸力，保证磨削加工。

通过机床按钮，可实现工件的通磁和退磁。

2. 电磁吸盘的维护保养和安全须知

吸盘不得严重磕碰，以免破坏其精度，在闲置时，应将其擦净，涂全损耗系统用油。吸盘外壳应接地，以免漏电伤人。

活动二　识读 M7130 平面磨床电气原理图

能力目标

1）了解平面磨床电气系统的结构。

2）清楚电气元器件的功能。

3）掌握平面磨床各电动机的控制原理。

4）了解平面磨床的照明辅助电路。

5）掌握平面磨床的电气安全保护措施。

活动地点

普通机床学习工作站。

学习过程

一、观察电气原理图

观察 M7130 平面磨床电气原理图，如图 3-31 所示。

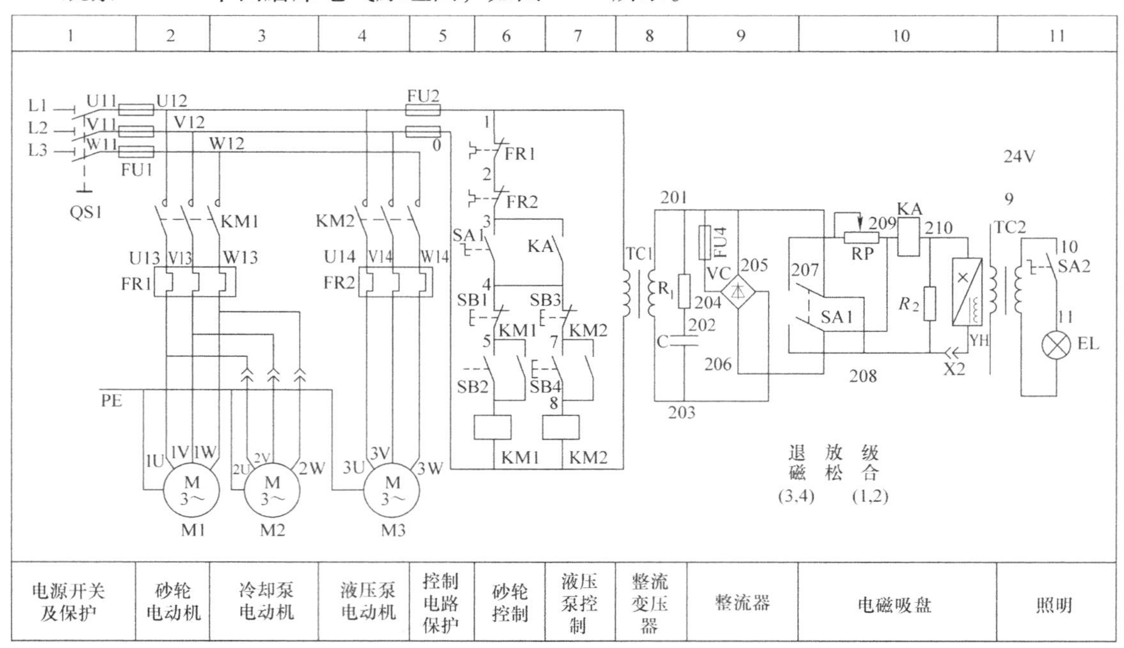

图 3-31　M7130 平面磨床电气原理图

你要掌握以下资讯与决策，才能顺利完成任务

小提示

在教师的指导下，断电拆开磨床有关面盖，将所有电气线路显示出来。

二、M7130 平面磨床的运动形式和控制要求

通过观看磨床的工作形式，完成下面的填空。

1）平面磨床（图 3-32）的主运动是砂轮的________运动，而进给运动则分为________种运动，分别如下：

① 工作台（带动电磁吸盘和工件）作纵向往复运动。

② 砂轮箱沿滑座上的燕尾槽作横向进给运动。

③ 砂轮箱和滑座一起沿立柱上的导轨作垂直进给运动。

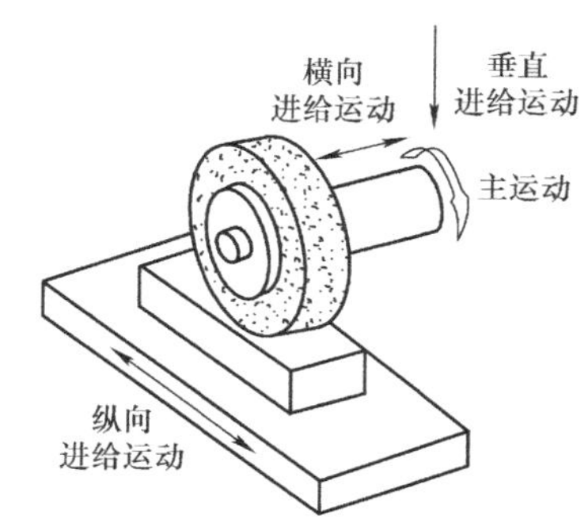

图 3-32　平面磨床的运动

2）M7130 平面磨床的电气控制要求如下：

① 砂轮的旋转用一台三相异步电动机拖动，要求________运行。

② 砂轮电动机、液压泵电动机和冷却泵电动机都只要求________旋转。

③ 砂轮升降电动机要求能________控制。

④ 只有在砂轮电动机启动后，冷却泵电动机才能够启动。

⑤ 电磁吸盘应有________和________控制环节。

3）根据原理图，对照上述控制要求，分析电路的工作原理，理解电路中是如何实现上述要求的。参照给定实例，完成表 3-4。

表 3-4　平面磨床的控制工作原理分析

序号	被控对象	控制电路：交流接触器	简述工作原理
1	液压泵电动机	KM1	按下 SB3→KM1 自锁→M1 运转→液压泵开始工作；按下 SB2→KM1 失电→M1 停转→液压泵停止工作
2	砂轮电动机		
3	砂轮升降电动机		
4	电磁吸盘（充磁）		
	电磁吸盘（退磁）		

4）平面磨床的电力拖动形式如下：

① 砂轮由一台笼型________拖动，因为砂轮的转速一般不需要调节，所以对砂轮电动机没有电气调速的要求，也不需要反转，可直接启动。

② 平面磨床的纵向和横向进给运动一般采用________，所以需要由一台液压泵电动机

驱动液压泵，对液压泵电动机也没有电气调速、反转和降压起动的要求。

③ 同车床一样，平面磨床也需要一台________电动机提供切削液，________电动机与________电动机也具有联锁关系，即要求砂轮电动机启动后才能开动冷却泵电动机。

④ 平面磨床往往采用________来吸持工件。________要有退磁电路，同时，为防止在磨削加工时因电磁吸盘吸力不足而造成工件飞出，还要求有弱磁保护环节。

⑤ 具有各种常规的电气保护环节，具有安全的局部照明装置。

小提示

M7130 平面磨床的主要运动形式如图 3-33 所示，图中，砂轮的旋转为主运动，冷却泵提供切削液为辅助运动（M2），其余为进给运动。

M7130 平面磨床的主要运动形式及控制要求见表 3-5。

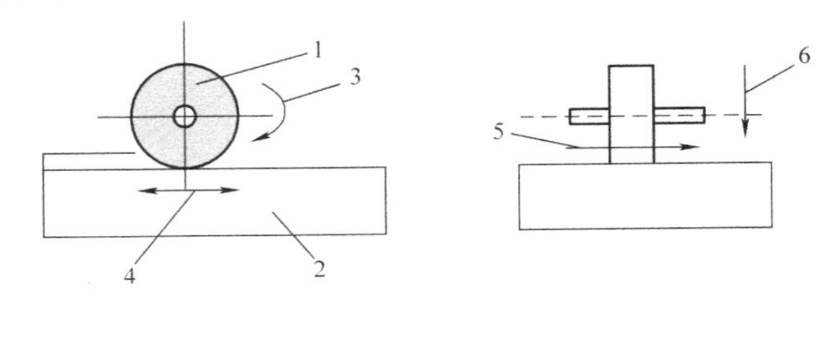

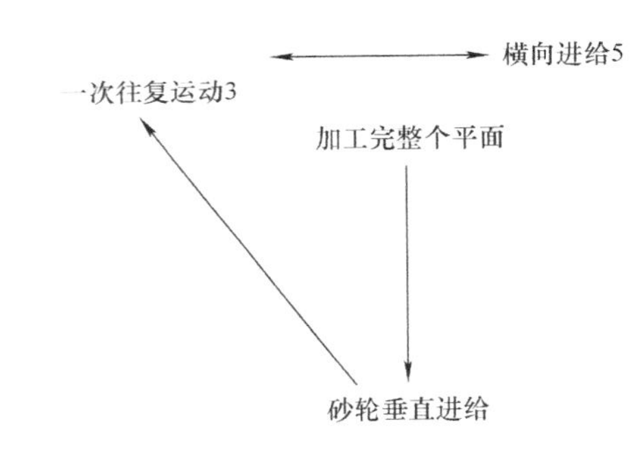

图 3-33　M7130 平面磨床的主要运动形式

1—砂轮　2—工作台　3—砂轮旋转为主运动（M1）　4—纵向进给，工作台沿床身往复运动（M3）　5—横向进给，砂轮箱沿滑座水平运动（M3）　6—垂直进给，滑座沿立柱上下运动

表 3-5　M7130 平面磨床的主要运动形式及控制要求

运动种类	运动形式	控制要求
主运动	砂轮的高速旋转	1）为保证磨削加工质量，要求砂轮有较高的转速，通常采用两极笼型异步电动机 2）为提高主轴的刚度，简化机械结构，采用装入式电动机，将砂轮直接装到电动机轴上 3）砂轮电动机只要求单向旋转，可直接启动，无调速和制动要求
进给运动	工作台的往复运动（纵向进给）	1）液压传动，因液压传动换向平稳，易于实现无级调速。液压泵电动机 M3 拖动液压泵，工作台在液压作用下作纵向运动 2）由装在工作台前侧的换向挡铁碰撞床身上的液压换向开关，控制工作台的进给方向

（续）

运动种类	运动形式	控制要求
进给运动	砂轮架的横向（前后）进给	1）在磨削的过程中，工作台换向时，砂轮架就横向进给一次 2）在修正砂轮或调整砂轮的前后位置时，可连续横向移动 3）砂轮架的横向进给运动可由液压传动，也可用手轮来操作
	砂轮架的升降运动（垂直进给）	1）滑座沿立柱的导轨垂直上下移动，以调整砂轮架的上下位置，或使砂轮磨入工件，以在磨削平面时控制工件的尺寸 2）垂直进给运动是通过操作手轮由机械传动装置实现的
辅助运动	工件的夹紧	1）工件可以用螺钉和压板直接固定在工作台上 2）在工作台上也可以装电磁吸盘，将工件吸附在电磁吸盘上，因此，要有充磁和退磁控制环节。为保证安全，电磁吸盘与三台电动机 M1、M2、M3 之间有电气联锁装置，即电磁吸盘吸合后，电动机才能启动。电磁吸盘不工作或发生故障时，三台电动机均不能启动
	工作台的快速移动	工作台能在纵向、横向和垂直三个方向快速移动，由液压传动机构实现
	工件的夹紧与放松	由人力操作
	工件冷却	冷却泵电动机 M2 拖动冷却泵旋转供给切削液，要求砂轮电动机 M1 和冷却泵电动机要实现顺序控制

三、了解 M7130 平面磨床电气控制线路的组成

完成下列问题：

1）M7130 平面磨床的电气线路分为________部分。

A. 3 个　　B. 4 个　　C. 5 个　　D. 6 个

2）________环节不属于 M7130 平面磨床的电气线路的部分。

A. 主电路　　B. 控制电路　　C. 电磁吸盘电路

D. 电气保护环节　　E. 照明电路　　F. 辅助电路

3）简述充磁时 YH 的工作过程。

____

____

____

4）简述退磁时 YH 的工作过程。

____

____

____

5）在图 3-34 中分别用蓝笔标出充磁、退磁回路，用红笔标出 YH 的正、负极性。

活动过程

一、M7130 平面磨床电气控制线路分析

1. 分析主电路

请通过观察电路图，回答以下问题。

1）主电路中一共有________台电动机。

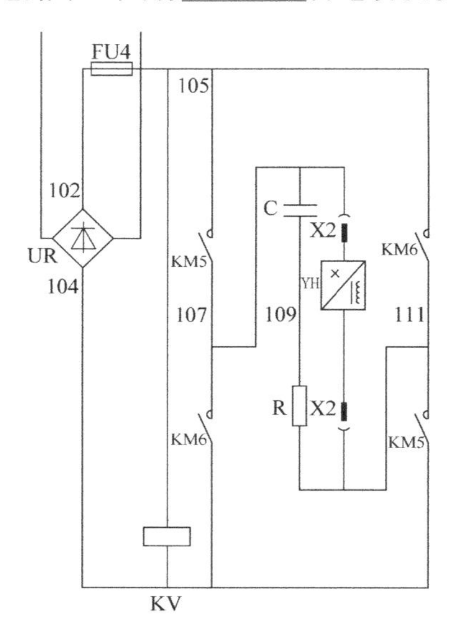

标出充磁回路

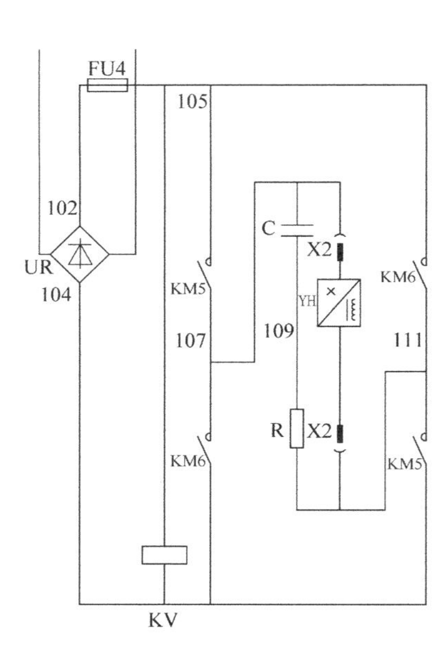

标出退磁回路

图3-34 充磁、退磁回路

A. 3　　B. 4　　C. 5　　D. 6

2）M1 为________。

A. 砂轮电动机　　B. 冷却泵电动机　　C. 液压泵电动机　　D. 带轮电动机

3）M2 为________。

A. 砂轮电动机　　B. 冷却泵电动机　　C. 液压泵电动机　　D. 带轮电动机

4）M3 为________。

A. 砂轮电动机　　B. 冷却泵电动机　　C. 液压泵电动机　　D. 带轮电动机

5）主电路中出现了________继电器。

A. 接触器 KM　　B. 热继电器 FR　　C. 中间继电器 KA　　D. 熔断器 FU

6）起短路保护作用的继电器是________。

A. 接触器 KM　　B. 热继电器 FR　　C. 中间继电器 KA　　D. 熔断器 FU

7）起过载作用的继电器是________。

A. 接触器 KM　　B. 热继电器 FR　　C. 中间继电器 KA　　D. 熔断器 FU

8）起控制作用的继电器是________。

A. 接触器 KM　　B. 热继电器 FR　　C. 中间继电器 KA　　D. 熔断器 FU

小提示

三相交流电源由电源开关 QS 引入，由熔断器 FU1 作全电路的短路保护。砂轮电动机 M1 和液压电动机 M3 分别由接触器 KM1、KM2 控制，并分别由热继电器 FR1、FR2 作过载保护。由于磨床的冷却泵箱是与床身分开安装的，所以冷却泵电动机 M2 由接插器 X1 接通电源，在需要提供切削液时才插上。M2受M1启动和停转的控制。由于M2的容量较小，因此不需要过载保护。三台电动机均直接启动，单向旋转。其控制和保护电器见表3-6。

表3-6　主电路的控制和保护电器

名称及代号	作用	控制电器	过载保护电器	短路保护电器
砂轮电动机M1	拖动砂轮高速旋转	接触器KM1	热继电器FR1	熔断器FU1
冷却泵电动机M2	供应切削液	接触器KM1和接插器X	无	熔断器FU1
液压泵电动机M3	为液压系统提供动力	中间继电器KA1	热继电器FR2	熔断器FU1

2. 分析控制电路

请通过观察电路图，回答以下问题。

1）控制电路采用交流________电压供电。

A. 110V　　B. 380V　　C. 220V　　D. 580V

2）由________作短路保护。

A. 接触器KM　　B. 热继电器FR

C. 中间继电器KA　　D. 熔断器FU

3）砂轮电动机M1采用了________控制线路。

A. 接触器自锁正转　　B. 接触器点动正转

C. 接触器自锁正反转　　D. 接触器点动正反转

4）液压泵电动机M3采用了________控制线路。

A. 接触器自锁正转　　B. 接触器点动正转

C. 接触器自锁正反转　　D. 接触器点动正反转

5）砂轮电动机M1的启动按钮是________。

A. SB1　　B. SB2　　C. SB3　　D. SB4

6）砂轮电动机M1的停止按钮是________。

A. SB1　　B. SB2　　C. SB3　　D. SB4

7）液压泵电动机M3的启动按钮是________。

A. SB1　　B. SB2　　C. SB3　　D. SB4

8）液压泵电动机M3的停止按钮是________。

A. SB1　　B. SB2　　C. SB3　　D. SB4

小提示

控制电路采用交流380V电压供电，由熔断器FU2作短路保护。

当转换开关QS2的常开触点（6区）闭合，或电磁吸盘得电工作，欠电流继电器KA线圈得电吸合，其常开触点（8区）闭合时，接通砂轮电动机M1和液压泵电动机M3的控制电路，砂轮和工作台才能进行磨削加工。

砂轮电动机M1和液压泵电动机M3都采用了接触器自锁正转控制线路，SB1、SB3分别是它们的启动按钮，SB2、SB4分别是它们的停止按钮。

3. 分析电磁吸盘电路

请通过观察电路图，回答以下问题。

1）电磁吸盘电路包括________三部分。

A. 整流电路　　B. 控制电路　　C. 照明电路　　D. 保护电路

2）电磁吸盘 YH 的转换控制开关（又叫退磁开关）是________。

A. 接触器 KM　　B. 热继电器 FR　　C. 中间继电器 KA　　D. 熔断器 FU

3）转换开关 QS2 是电磁吸盘 YH 的转换控制开关（又称为退磁开关），有________、________和________三个位置。

4）电磁吸盘的保护电路由放电电阻________和欠电流继电器________组成。

A. KA　　B. KM　　C. R3　　D. R4

5）电阻 R1 与________的作用是防止电磁吸盘回路交流侧的过电压。

A. 电阻 R3　　B. 电容器 C　　C. 整流桥 VC

6）熔断器 FU4 为电磁吸盘提供________保护。

A. 断电　　B. 过载　　C. 短路

小提示

电磁吸盘是一种用来固定加工工件的一种夹具。它与机械夹具比较，具有夹紧迅速、操作快速简便、不损伤工件、一次能吸牢多个小工件，以及磨削中工件发热可自由伸缩、不会变形等优点。不足之处是只能吸住磁性材料的工件，不能吸牢非磁性材料（如铝、铜等）的工件。电磁吸盘 YH 的结构如图 3-35 所示。

图 3-35　电磁吸盘

电磁吸盘电路包括整流电路、控制电路和保护电路三部分。

整流变压器 T1 将 220V 的交流电压降为 145V，经桥式整流器 VC 整流后，输出约 110V 的直流工作电压。

转换开关 QS2 是电磁吸盘 YH 的转换控制开关（又称为退磁开关），有“吸合”、“放松”和“退磁”三个位置。当 QS2 扳至“吸合”位置时，触点（205—208）和（206—209）闭合，110V 直流电压接入电磁吸盘 YH，工件被牢牢吸住。此时，欠电流继电器 KA 线圈得电吸合，KA 的常开触点闭合，接通砂轮和液压泵电动机的控制电路。待工件加工完毕，先把 QS2 扳到“放松”位置，切断电磁吸盘 YH 的直流电源。此时，工件由于具有剩磁而不能取下，因此，必须进行退磁。将 QS2 扳到“退磁”位置，触点（205—207）和

(206—208) 闭合，电磁吸盘 YH 通入较小的（因串入了退磁电阻 R2）反向电流进行退磁。退磁结束后，将 QS2 扳回到“放松”位置，即可将工件取下。

如果有些工件不易退磁，可将附件退磁器的插头插入插座 XS，使工件在交变磁场的作用下进行退磁。

如果将工件夹在工作台上，不需要电磁吸盘，则应将电磁吸盘 YH 的插头 X2 从插座上拔下，同时将转换开关 QS2 扳到“退磁”位置，这时，接在控制电路中 QS2 的常开触点闭合，接通电动机的控制电路。

电磁吸盘的保护电路由放电电阻 R3 和欠电流继电器 KA 组成。因为电磁吸盘的电感很大，电磁吸盘从“吸合”状态转变为“放松”状态的瞬间，线圈两端将产生很大的自感电动势，易使线圈或其他电器由于过电压而损坏。电阻 R3 的作用是在电磁吸盘断电瞬间给线圈提供放电通路，吸收线圈释放的磁场能量。欠电流继电器 KA 用以防止电磁吸盘断电时工件脱出发生事故。

电阻 R1 与电容器 C 的作用是防止电磁吸盘回路交流侧的过电压。熔断器 FU4 为电磁吸盘提供短路保护。

4. 分析照明电路

请通过观察电路图，回答以下问题。

1）照明变压器是________。

A. T1　　B. T2　　C. T3　　D. T4

2）照明变压器 T2 将________的交流电压降为安全电压供给照明电路。

A. 380V　　B. 220V　　C. 24V　　D. 36V

3）照明变压器 T2 将 380V 的交流电压降为________安全电压供给照明电路。

A. 380V　　B. 220V　　C. 24V　　D. 36V

4）照明灯是________。

A. R　　B. C　　C. EL　　D. VC

5）照明灯一端接地，由________控制。

A. 接触器 KM　　B. 开关 SA

C. 中间继电器 KA　　D. 熔断器 FU

6）起短路保护作用的继电器是________。

A. 熔断器 FU1　　B. 熔断器 FU2

C. 熔断器 FU3　　D. 熔断器 FU4

7）起过载作用的继电器是________。

A. 接触器 KM　　B. 热继电器 FR

C. 中间继电器 KA　　D. 熔断器 FU

小提示

M7130 平面磨床的电气控制线路动作演示如图 3-36 至图 3-39 所示。

如图 3-37 所示，由电磁吸盘回路和控制回路可知：充磁完毕或者退磁后才能启动磨床，充磁过程中不可启动。

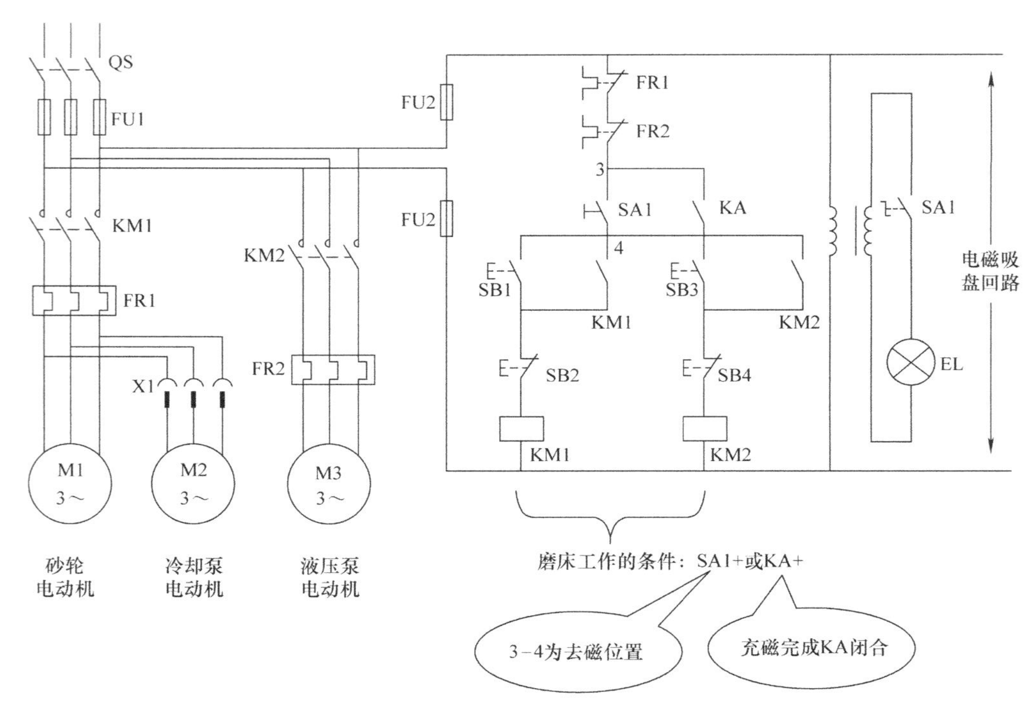

图 3-36　电气控制线路一

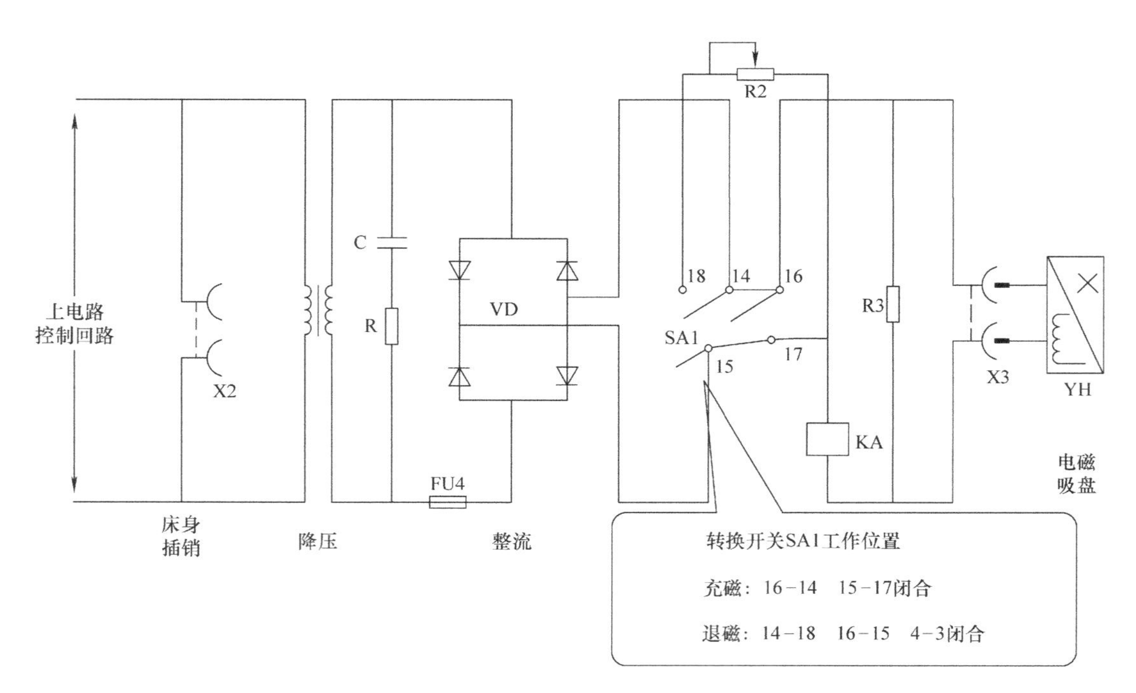

图 3-37　电气控制线路二

如图 3-38 所示，由电磁吸盘回路和控制回路可知：充磁完毕或者退磁后才能启动磨床，充磁过程中不可启动。

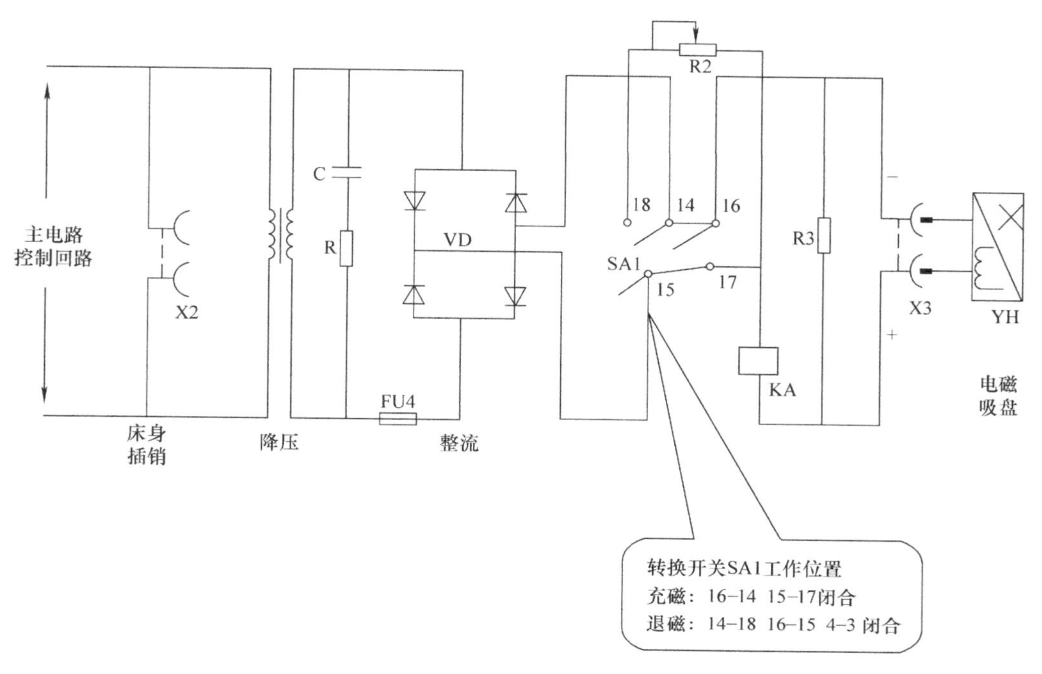

图 3-38　电气控制线路三

如图 3-39 所示，由电磁吸盘回路和控制回路可知：充磁完毕或者退磁后才能启动磨床，充磁过程中不可启动。

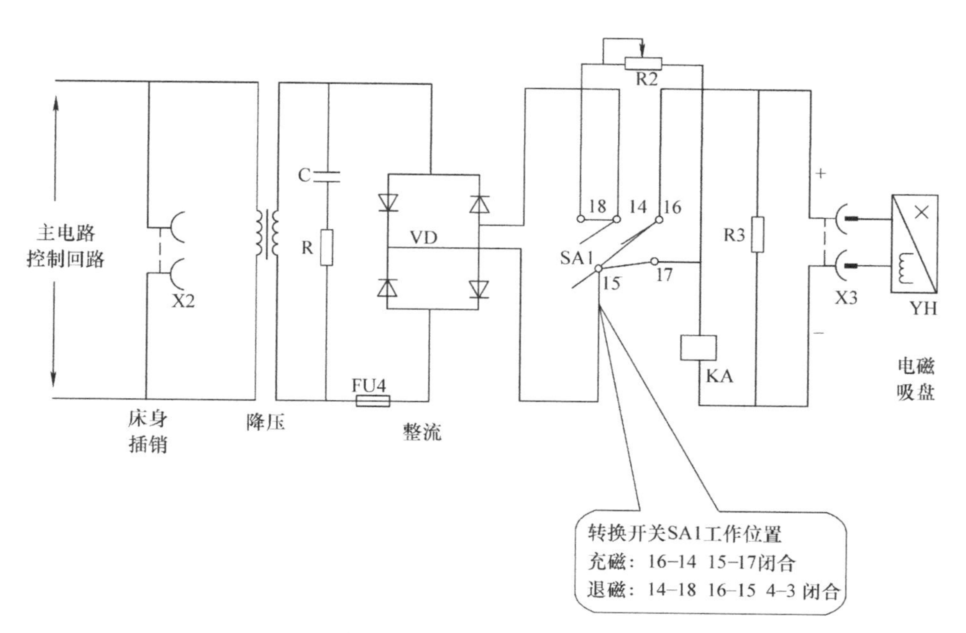

图 3-39　电气控制线路三

二、M7130 平面磨床电气元件明细表

请根据实际情况将各个元器件的用途填写在表 3-7 中。

表 3-7 M7130 平面磨床电气元件明细表

代号	名称	型号	规格	数量	用途
M1	砂轮电动机	W451 – 4	4.5kW 220/380V 1440r/min	1	驱动砂轮
M2	冷却泵电动机	JCB – 22	125W 220/380V 2790r/min	1	驱动冷却泵
M3	液压泵电动机	J042 – 4	2.8kW 220/380V 1450r/min	1	驱动液压泵
QS1	电源开关	HZ1 – 25/3		1	引入电源
QS2	转换开关	HZ1 – 10P/3		1	控制电磁吸盘
SA	照明灯开关			1	控制照明灯
FU1	熔断器	RL1 – 60/30	60A 熔体 30A	3	电源保护
FU2	熔断器	RL1 – 15	15A 熔体 5A	2	控制电路短路保护
FU3	熔断器	BLX – 1	1A	1	照明电路短路保护
FU4	熔断器	RL1 – 15	15A 熔体 2A	1	保护电磁吸盘
KM1	接触器	CJ10 – 10	线圈电压 380V	1	控制 M1
KM2	接触器	CJ10 – 10	线圈电压 380V	1	控制 M3
FR1	热继电器	JR10 – 10	整定电流 9.5A	1	M1 过载保护
FR2	热继电器	JR10 – 10	整定电流 6.1A	1	M3 过载保护
T1	整流变压器	BK – 400	400VA 220/145V	1	降压
T2	照明变压器	BK – 50	50VA 380/36V	1	降压
VC	硅整流器	GZH	1A 200V	1	输出直流电压
YH	电磁吸盘		1.2A 110V	1	工件夹具
KA	欠电流继电器	JT3 – 11L	1.5A	1	保护用
SB1	按钮	LA2	绿色	1	启动 M1
SB2	按钮	LA2	红色	1	停止 M1
SB3	按钮	LA2	绿色	1	启动 M3
SB4	按钮	LA2	红色	1	停止 M3
R1	电阻器	GF	6W 125Ω	1	放电保护电阻
R2	电阻器	GF	50W 1000Ω	1	退磁电阻
R3	电阻器	GF	50W 500Ω	1	放电保护电阻
C	电容器		600V 5μF	1	保护用电容
EL	照明灯	JD3	24V 40W	1	工作照明
X1	接插器	CY0 – 36		1	M2 用
X2	接插器	CY0 – 36		1	电磁吸盘用
XS	插座		250V 5A	1	退磁器用
附件	退磁器	TC1TH/H		1	工件退磁用

三、绘制布置图

想一想

请绘制 M7130 平面磨床的电器布置图。

活动三 撰写 M7130 平面磨床电气控制线路的安装与调试方案

能力目标

1）掌握平面磨床电气系统的安装步骤及注意事项。
2）正确选择低压配电器。
3）掌握电工工具的使用技巧。
4）编写钻床的安装与检测方案。

活动地点

普通机床学习工作站。

学习过程

一、学习与工作准备

电工常用工具：剥线钳、压线钳、螺钉旋具、电钻等。
仪器仪表：兆欧表、万用表、钳形电流表等。
耗材器材：导线、线槽、护套管、胶带、金属软管、编码套管等。
图样类：电气原理图、元件布置图、接线图。
电工安全操作规程、电工手册、劳保用品。
设备元件：三相交流电源、三相异步电动机、元器件。

二、列出所需的电气元器件及工具

根据实际需要完成表 3-8。

表 3-8 元器件及工具清单

代号	名称	型号规格	数量	用途

小提示

M7130 平面磨床电气部分安装配线的步骤如下：

1）按照表 3-8 从仓管车间（材料区）领取电气耗材器材，配齐所用电器元件，并检验元件的质量及性能。

2）根据电气原理图，画出电器元件布置图，并对电气原理图按照配线工艺分解出接线图。

3）在电气控制柜背板上按接线布置图要求测绘划线，安装走线槽，挂上所有元器件，并按照要求把已做好的符号标牌贴到对应的实物上。安装线槽时，应按照测绘要求做到横平竖直、排列整齐匀称、间距合理、安装牢固以便于走线维护等。

4）在控制柜内控制背板上按接线图进行板前线槽布线，并在导线两端部套编码管和接线端子，保证运行可靠、检修方便。

5）在控制柜外面板进行开孔，安装增添按钮开关及信号灯，并进行外面板内布线。

6）柜内背板元件与柜内面板之间通过端子排及软伸缩管进行连接。

7）钻床机身元器件、电动机与电气控制柜之间通过金属软管进行对接。

8）可靠连接控制柜、电动机和电器元件金属外壳的保护地线。

9）自检、互检。

活动过程

制定工作计划，完成表 3-9。

表 3-9　M7130 平面磨床电气控制线路的安装与调试工作计划

人员分工	1. 小组负责人：________ 2. 小组成员及分工	
	姓名	分工

工具及材料清单	序号	工具或材料名称	单位	数量	备　注

工序及工期安排	序号	工作内容	完成时间	备注

安全防护措施	

活动评价

1）以小组为单位，展示制定完成“M7120 平面磨床电气控制线路的安装与调试工作计划”并列举完成工作任务所需的工具及材料清单，完成表 3-10。

表 3-10　评价表

组别	展示人	评价内容			综合表现排名
		工作计划质量	工具及材料清单	展示人表现	

参评人＿＿＿＿＿＿＿

2）教师根据各组展示分别作有的放矢的评价。

① 找出各组的优点点评。

② 针对展示过程中各组的缺点点评，指出改进方法。

③ 分析整个活动完成过程中出现的亮点和不足。

活动四　完成 M7130 平面磨床电气控制线路的安装与调试

能力目标

1）能按图样、工艺要求、安全规范和设备要求，安装元器件并接线。

2）能用仪表检查电路安装的正确性并通电试车。

3）施工完毕能清理现场，填写工作记录并交付验收。

活动地点

普通机床学习工作站。

学习过程

按照材料清单领取元器件，检测各元器件的质量，完成表 3-11。

表 3-11　元器件检测情况表

代号	名称	型号规格	数量	质量情况

活动过程

安装元器件及槽板等附件，按电气原理图接线，自检、互检，通电试车，清理施工场地，交付验收。

一、安装元器件和布线

本学习任务中，元器件安装工艺、步骤、方法及要求与前面任务基本相同。对照前面任务中电气设备控制线路的安装步骤和工艺要求，完成安装任务。

1）对于电压继电器、整流桥和电磁吸盘的安装，前面任务没有涉及，请查阅相关资料，了解它们的安装方法，把要点记录下来。

2）结合实际操作，回答以下问题：

① 三相电源进线如何接入控制面板？

② 主熔断器 FU1 进线应接到何处，为何不能直接连到 QS1 的接线桩？

③ 电动机 M1、M2、M3、M4 等的引出线是否能与控制面板上电器元件的接线桩直接相连？为什么？

④ 如果交流接触器 KM1—KM6 错选了 220V 线圈，会出现什么后果？

⑤ 从接线端子到控制按钮的走线，外部要用哪种材料进行保护？

⑥ 整流桥 VC 应如何接线？

⑦ 电磁吸盘 YH 及其 RC 保护装置等应如何接线？

3）安装过程中遇到了哪些问题？你是如何解决的？在表 3-12 中记录下来。

表 3-12　情况记录表

所遇问题	解决方法

二、安装完毕后进行自检和互检

根据实际需要完成以下问题。

1）在断电情况下，用仪表、手动操作检测机床线路是否正确，控制功能是否达到要求。

2）重温万用表和兆欧表的使用。

3）电路安装完毕，在断电情况下进行自检和互检，根据测试内容填写表 3-13。

表 3-13　情况记录表

序号	测试内容	自检情况记录	互检情况记录
1	用兆欧表对电动机 M1 – M4 进行绝缘测试		
2	用万用表对 110V 控制电路进行断电测试		
3	用万用表对 24V 控制电路进行断电测试		

4）完成仪表检查记录（表 3-14）。

表 3-14　仪表检查记录表

机床绝缘电阻				
线路单元	是否正常	故障现象	确定故障点	排除方法
电源引入				
冷却泵电动机主电路				
砂轮电动机主电路				
液压泵电动机主电路				
照明及指示灯线路				
接触器 KM1 线路				
接触器 KM2 线路				
接触器 KM3 线路				
接触器 KM4 线路				
接触器 KM5 线路				

小提示

M7130 平面磨床常见电气故障分析与检修方法

M7130 平面磨床主电路、控制电路和照明电路的故障、检修方法与车床相似。现将特殊故障作如下分析：

1）电磁吸盘无吸力。若照明灯 EL 正常工作而电磁吸盘无吸力，检修步骤如图 3-40 所示。

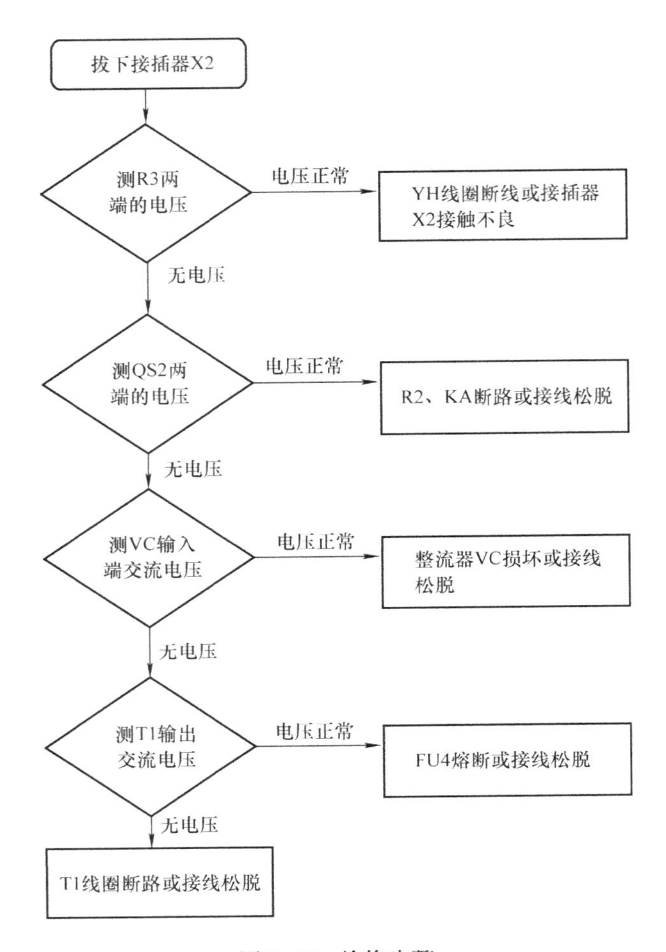

图 3-40　检修步骤

2）电磁吸盘吸力不足。引起这种故障的原因是电磁吸盘损坏或整流器输出电压不正常。M7130 平面磨床电磁吸盘的电源电压由整流器 VC 供给。空载时，整流器直流输出电压应为 130～140V；负载时，不应低于 110V。若整流器空载输出电压正常，带负载时电压远低于 110V，则表明电磁吸盘线圈已短路，一般需更换电磁吸盘线圈。

若电磁吸盘电源电压不正常，大多是因为整流元件短路或断路造成的。应检查整流器 VC 的交流侧电压及直流侧电压。若交流侧电压正常，直流输出电压不正常，则表明整流器发生元件短路或断路故障，可用万用表测量整流器的输出及输入电压，判断出故障部位，查出故障元件，进行更换或修理。

实践证明，在直流输出回路中加装熔断器，可避免损坏整流二极管。

3）其他常见故障及处理方法见表 3-15。

表3-15 常见故障及处理方法

故障现象	故障原因	处理方法
三台电动机均不能启动	欠电流继电器KA的常开触点和转换开关QS2的触点（3—4）接触不良、接线松脱或有油垢，使电动机的控制电路处于断电状态	分别检查欠电流继电器KA的常开触点和转换开关QS2的触点（3—4）的接触情况，不通则修理或更换
砂轮电动机的热继电器FR1经常动作	1）M1前轴承铜瓦磨损后易发生堵转现象，使电流增大，导致热继电器动作 2）砂轮进给量太大，电动机超负荷运行 3）热继电器规格选得太小或整定电流过小	1）修理或更换轴瓦 2）选择合适的进给量，防止电动机超载运行 3）更换或重新整定热继电器
电磁吸盘退磁不好使工件取下困难	1）退磁电路断路，根本没有退磁 2）退磁电压过高 3）退磁时间太长或太短	1）检查转换开关QS2接触是否良好，退磁电阻R2是否损坏 2）应调整电阻R2，将退磁电压调至5~10V 3）根据不同材质掌握好退磁时间

三、通电试车

断电检查无误后，经教师同意，通电试车，观察电动机的运行状态，测量相关技术参数，若存在故障，及时处理。电动机运行正常无误，交付验收人员检查。通电试车过程中，若出现异常现象，应立即停车，按照前面任务中所学的方法步骤进行检修。小组间相互交流一下，将各自遇到的故障现象、故障原因和处理方法记录下来（表3-16）。

表3-16 故障原因和处理方法记录表

故障现象	故障原因	检修思路

断电测试完毕，在通电情况下进行自检和互检，根据测试内容，填写表3-17。

表 3-17 情况记录表

测试内容	能否启动	能否停止	调试结果（合格或不合格）		记录故障现象	记录检修部位
			自检	互检		
液压泵						
砂轮						
砂轮升降						
电磁吸盘充磁						
电磁吸盘退磁						
冷却泵						

四、项目验收

1）在验收阶段，各小组派出代表进行交叉验收，并填写详细验收记录表（表 3-18）。

表 3-18 验收过程问题记录表

验收问题记录	整改措施	完成时间	备注

2）以小组为单位认真填写 M7130 平面磨床电气控制线路安装调试任务验收报告，见表 3-19。

表 3-19 M7130 平面磨床电气控制线路安装调试任务验收报告

工程项目名称				
建设单位			联系人	
地址			电话	
施工单位			联系人	
地址			电话	
项目负责人			施工周期	
工程概况				
现存问题			完成时间	
改进措施				
验收结果	主观评价	客观测试	施工质量	材料移交

活动评价

以小组为单位，展示本组安装成果。根据以下评分标准进行评分，见表3-20。

表3-20　评分表

评价内容		分值	评分		
			自我评价	小组评价	教师评价
元器件的定位安装	安装方法、步骤正确，符合工艺要求	20			
	元器件安装美观、整洁				
布线	按电路图正确接线	40			
	布线方法、步骤正确，符合工艺要求				
	布线横平竖直，整洁有序，接线紧固美观				
	电源和电动机按钮正确接到端子排上，并准确注明引出端子号				
	接点牢固、接头露铜长度适中，无反圈、压绝缘层、标记号不清楚、遗漏或误标等问题				
	施工中导线绝缘层或线芯无损伤				
通电试车	设备正常运转无故障	30			
	出现故障正确排除				
安全文明生产	遵守安全文明生产规程	10			
	施工完成后认真清理现场				
施工额定用时180min 实际用时________超时扣分________					
合计					

活动五　总结、评价与反馈

能力目标

1）通过对M7130平面磨床学习与工作过程的回顾，学会客观评价、撰写总结。
2）通过自评、互评、教师评价，能够学会沟通，体会到自己长处与不足，建立自信。
3）通过小组交流学习，展示成果。

活动地点

普通机床学习工作站。

学习过程

一、写下工作总结

二、展示成果

以小组为单位，选择演示文稿、展板、海报、录像等形式中的一种或几种，向全班展示、汇报学习成果。

三、展示

展示你组中最优秀的总结，并完成评价表（表3-21）。

表3-21 评价表

评价	各组选出优秀成员在全班讲解你组最优秀的总结 小组互评、教师点评 小组名次

活动过程

一、完成评价表（表3-22）

表3-22 评价表

评价项目	评价内容	评价标准	评价方式		
			自我评价	小组评价	教师评价
职业素养	安全意识、责任意识	A. 作风严谨、自觉遵章守纪、出色地完成工作任务 B. 能够遵守规章制度、较好地完成工作任务 C. 遵守规章制度、没完成工作任务或完成工作任务、但忽视规章制度 D. 不遵守规章制度、没完成工作任务			
	学习态度主动	A. 积极参与教学活动，全勤 B. 缺勤达本任务总学时的10% C. 缺勤达本任务总学时的20% D. 缺勤达本任务总学时的30%			
	团队合作意识	A. 与同学协作融洽、团队合作意识强 B. 与同学能沟通、协同工作能力较强 C. 与同学能沟通、协同工作能力一般 D. 与同学沟通困难、协同工作能力较差			

（续）

评价项目	评价内容	评价标准	评价方式		
			自我评价	小组评价	教师评价
专业能力	学习活动1 明确工作任务	A. 按时、完整地完成工作页，问题回答正确，图样绘制准确 B. 按时、完整地完成工作页，问题回答基本正确，图样绘制基本准确 C. 未能按时完成工作页，或内容遗漏、错误较多 D. 未完成工作页			
	学习活动2 施工前的准备	A. 学习活动评价成绩为90~100分 B. 学习活动评价成绩为75~89分 C. 学习活动评价成绩为60~74分 D. 学习活动评价成绩为0~59分			
	学习活动3 现场施工	A. 学习活动评价成绩为90~100分 B. 学习活动评价成绩为75~89分 C. 学习活动评价成绩为60~74分 D. 学习活动评价成绩为0~59分			
创新能力		学习过程中提出具有创新性、可行性的建议	加分奖励		
班级			学号		
姓名			综合评价等级		
指导教师			日期		

二、请完成以下的调查问卷

教学内容　　容易理解□　　不易理解□

理由/说明：________________

教学目标　　容易理解□　　不易理解□

理由/说明：________________

对解决专业问题的指导　　容易理解□　　不易理解□

理由/说明：________________

学习任务四

X62W万能铣床电气控制线路的安装与调试

任务情境

学校校办工厂机加工车间有大量机床，为保证设备的正常运行，需要电气班成员能熟悉设备的原理、操作方法和特点，对其进行定期巡检，并能在第一时间对出现故障的设备进行及时检修、排除故障。

有一台型号为 X62W 的万能铣床出现故障，为避免影响生产，院实训设备管理处委派我院电气组负责检修，电气组李老师认为在他的带领下我班同学们能够胜任此项任务，于是我班和李老师一起接下此任务。车间负责人要求在规定期限内完成安装、调试，并交付验收。

李老师和我班同学们接到 X62W 万能铣床电气控制线路的安装任务书后，到现场勘察具体情况，查阅该铣床的相关资料，制定出了 X62W 万能铣床电气控制线路的安装与调试方案，并与机电工程系机加工车间设备管理员沟通后，确定安装调试步骤，准备材料工具，按照规范，进行 X62W 万能铣床电气控制线路的安装、调试。调试正常后，报设备管理员验收，交付使用，清理现场，并填写验收报告。

学习内容

1. 安装任务书的内容。
2. 万能铣床的主要结构。
3. 万能铣床的运动形式。
4. 万能铣床电气控制的要求。
5. 电路的组成。
6. 电路的图形符号。
7. 万能铣床主电路和控制电路的工作原理。
8. 万能铣床的常见电气故障。
9. 安装检测的方法步骤及注意事项。
10. 安全防护措施及安全操作规程。
11. 接线安装工艺。
12. 电路的检测及故障分析。

活动一　接任务单、获取信息

能力目标

1）识读 X62W 万能铣床电气控制线路的安装与调试任务单，明确任务单的内容。

2）参观 X62W 万能铣床，明确 X62W 万能铣床的主要结构、运动形式和操作方法，并对设备的操作规定有初步认识，养成良好的习惯。

3）参观 X62W 万能铣床的配电盘。

活动地点

普通机床学习工作站。

学习过程

接任务单，见表 4-1。

表 4-1　X62W 万能铣床电气控制线路的安装与调试任务单

单号：________开单部门：________________________开单人：________

开单时间：________年________月________日________时________分

接单部门：________部________组________________

任务概述	学校校办工厂机加工车间有一台型号为 X62W 的万能铣床出现故障，为避免影响生产，院实训设备管理处委派我院电气组负责检修任务，要求在规定期限完成安装、调试，并交付验收。调试正常后报设备管理员验收，交付使用，清理现场，并填写验收报告
任务完成时间	要求由即日起 10 个工作日完成任务，并交付使用
接单人	（签名） 年　　月　　日

想一想

派发任务单后，根据任务情境描述，把任务单中的其余空白部分填写完整。

通过读任务单，回答以下问题：

1）该任务完工时间是什么时间？

____

2）根据任务情境描述，完工后交给谁验收？

____

3）读完任务单后，还有哪些不明白的内容，请记录下来。

____

____

____

小提示

信息采集源：1）《X62W 万能铣床用户手册》、《X62W 万能铣床操作手册》、《机床电

气控制电路安装》

2）http：//www. baidu. com

其他________________

活动过程

一、安全教育

教师组织学生到企业或者本校实训基地参观X62W万能铣床（图4-1），观察实际工作情况，明确X62W万能铣床的主要结构、运动形式和操作方法（X62W万能铣床是一种较沉旧的设备，但由于其电气控制线路的典型性，故本书仍以此型号为例）。

图4-1 X62W万能铣床

想一想

去企业参观X62W万能铣床时，你注意到以下哪些内容了？

1）你在教师和现场工作人员的带领下进入了企业，这时你都做了图4-2所示的安全准备________。

A.

B.

C.

D.

E.

F.

G.

H.

图4-2 进入企业各种准备

2）进入实习场地参观时，你看到的警示标志有图4-3所示的________。

3）正在维修的设备处悬挂的警示有图4-4所示的________。

小提示

明确参观的任务：

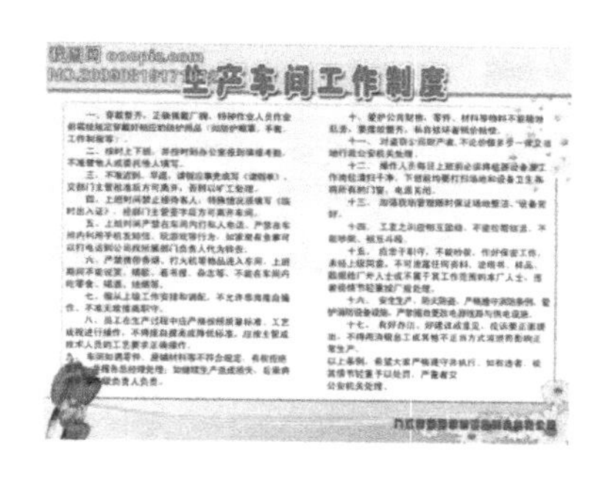
生产车间工作制度

A.

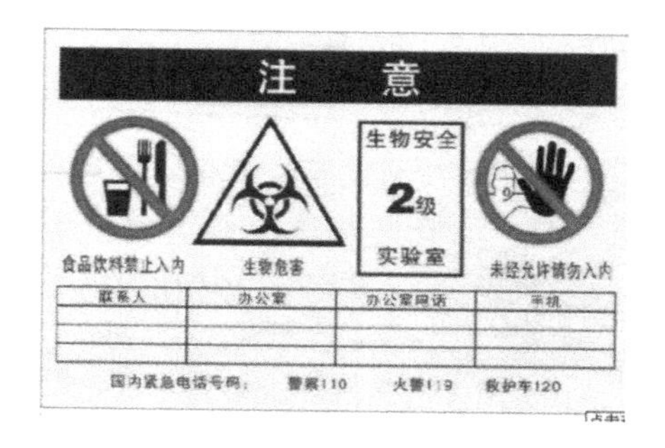

B.

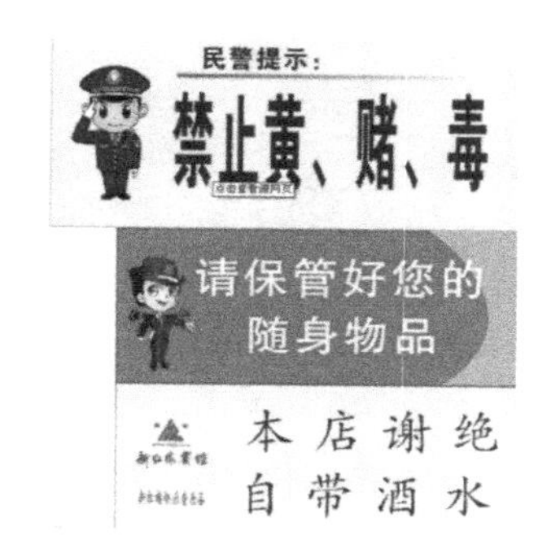

C.

D.

图 4-3　进入企业参观的警示标志

A.

B.

C.

D.

图 4-4　企业设备维修的警示标志

1）记录设备操作安全规定指示牌的内容。

2）参观 X62W 万能铣床，观察其实际工作情况，明确 X62W 万能铣床的主要结构、运动形式和操作方法。

3）参观 X62W 万能铣床的配电盘，观察各种元器件及其安装位置和配线。

二、参观 X62W 万能铣床

穿戴好工作服、绝缘鞋，到现场后听从现场工作人员的安排，认真听取现场工作人员讲解参观时的安全注意事项，在现场工作人员的指引下进入设备现场参观，并做好相关记录。

在参观过程中你一定看到了不少的铭牌，其中，图 4-5 中________是本任务中要安装的铣床的铭牌。

A.

B.

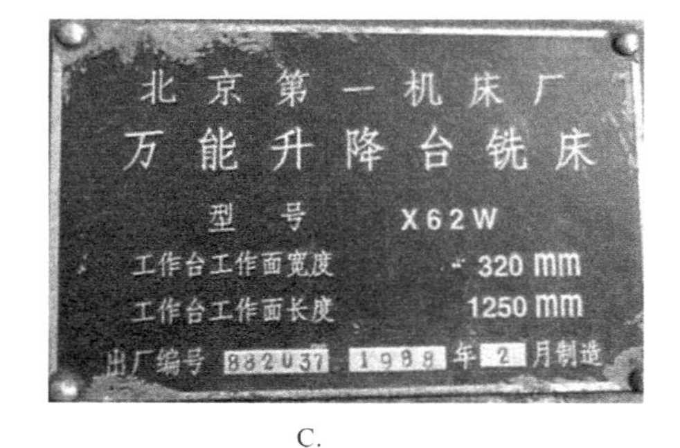

C.

D.

图 4-5　铣床铭牌

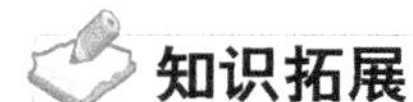

知识拓展

1. 铣床的分类

铣床是用铣刀对工件进行铣削加工的机床。铣床除能铣削平面、沟槽、轮齿、螺纹和花键轴外，还能加工比较复杂的型面，效率较刨床高，在机械制造和修理部门应用广泛。铣床种类很多，一般按布局形式和适用范围加以区分，主要有升降台铣床、龙门铣床、单柱铣床和单臂铣床、仪表铣床、工具铣床等。观察下面的铣床图片，你能区分出是哪种铣床吗？

想一想

你能区分各种铣床吗？

（1）升降台式铣床　分为万能式升降台铣床（图 4-6）、卧式升降台铣床（图 4-7）和立式升降台铣床（图 4-8）几种，主要用于加工中小型零件，应用最广。____________升降台铣床床身与底座相连，升降台由装在底座上的垂直丝杠带动，沿床身垂直导轨升降。滑鞍可沿升降台上的导轨作横向进给。机床有两层工作台，下工作台装于滑鞍之上，能在水平面内正负 45°范围内回转一定角度。上工作台供安装工件之用，可沿下工作台导轨作纵向进给。床身顶部有一可伸缩的悬梁，用以支承主轴。工作台上安装万能分度头后可对工件进行分度和铣螺旋槽等。

图 4-6　万能式升降台铣床

图 4-7　卧式升降台铣床

______升降台铣床结构紧凑，体积小，灵活性高，铣头能左右回转 90°，前后回转 45°，摇臂不仅能前后伸缩，并可在水平面内作 360°回转，大大提高了机床的有效工作范围。其工作台不能回转，其余与万能式升降台铣床相同。

______升降台铣床的主轴是垂直设置的，其余与卧式升降台铣床相似。

图 4-8　立式升降台铣床

升降台铣床的主要变型有：万能回转头铣床，其主轴可调整到任意角度，以适应加工需要；仿形铣床，具有仿形装置，用于加工成形表面；程序控制铣床，具有较高的自动化水平，可实现不同功能的自动加工循环；数字控制铣床，可实现点位和连续轨迹的自动加工，用于加工复杂的成形表面。

（2）龙门铣床　包括龙门镗铣床（图 4-9）、龙门刨铣床（图 4-10）和双柱铣床（图 4-11），均用于加工大型零件。

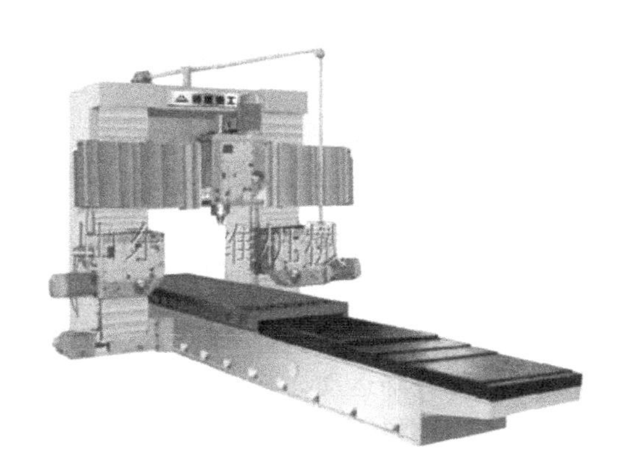

图 4-9　龙门镗铣床

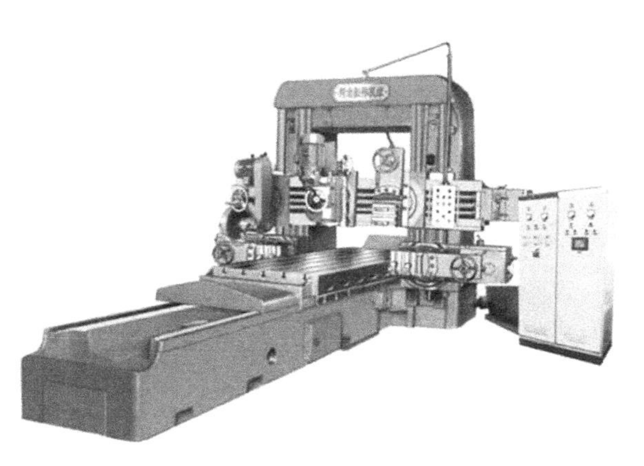

图 4-10　龙门刨铣床

________铣床是集机、电、液等先进技术于一体的机械加工设备，适用于航空、重机、机车、造船、发电、机床、汽车、印刷、模具等行业的半精加工和精加工，也可以用于粗加工。龙门镗铣床的总体结构由一个龙门架组成，龙门架由双立柱、活动横梁、连接梁、横向溜板及铣头滑枕组成刚性框架，横梁沿立柱导轨上下运动（W 轴），横梁上配置一台立式大功率多功能滑枕式镗铣头，镗铣头溜板沿横梁导轨左右运动（Y 轴）及上下运动（Z 轴），龙门框架沿床身纵向运动（X 轴）。

图 4-11　双柱铣床

________铣床是众多从事龙门刨床设计、制造多年的资深专家在传统龙门刨床的基础上开发出的新型机床，其功能汇聚当前最先进的机床优势，配以先进电器，对机电控制技术进行升级，配备铣头、磨头即可实现刨削、铣削、磨削及钻削、锪孔等功能，配备直角附件更能对工件一次装夹，实现五面加工，一机多用，提高了工件的加工质量和生产效率。

________铣床是一种半自动化的高效率生产机床，专用夹具和刀具，以及各种功能部件的多种组合，能完成平面、阶梯面、矩形面、成型面、倾斜面、槽沟和花键的加工。

（3）单柱铣床和单臂铣床　单柱铣床（图 4-12）的水平铣头可沿立柱导轨移动，工作台作纵向进给；单臂铣床（图 4-13）的立铣头可沿悬臂导轨水平移动，悬臂也可沿立柱导轨调整高度。单柱铣床和单臂铣床均用于加工大型零件。

图 4-12　单柱铣床

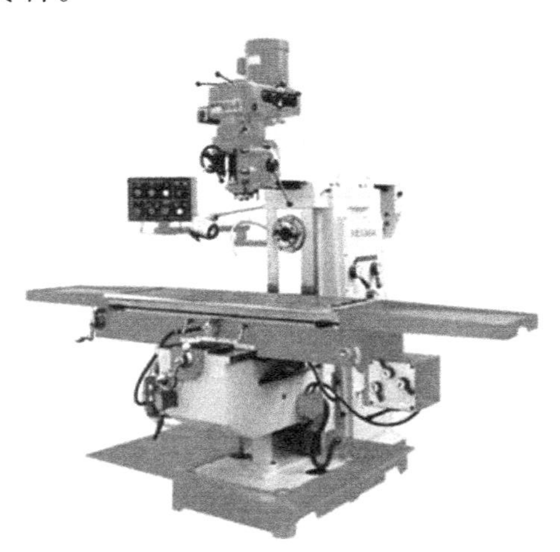

图 4-13　单臂铣床

________铣床有安全的电气特性，采用固定式床身，工作台移动，立柱与床身刚性联接。其工作台沿床身导轨作前后移动；主轴箱沿立柱导轨作升降运动，并沿滑台导轨作水平移动。单柱平面铣床主要部件采用高牌号去应力铸件制造，整机刚性好。

________铣床主要用于加工各类大型长工件上的平面、沟槽等。

（4）仪表铣床和工具铣床　仪表铣床是一种小型的升降台铣床，用于加工仪器仪表和其他小型零件；工具铣床主要用于模具和工具制造，配有立铣头、万能角度工作台和插头等多种附件，还可进行钻削、镗削和插削等加工。试分辨其外形，如图 4-14 所示。

图 4-14　仪表铣床和工具铣床

其他铣床还有键槽铣床、凸轮铣床、曲轴铣床、轧辊轴颈铣床和方钢锭铣床等，它们都是为加工相应的工件而制造的专用铣床。

2. X62W 万能铣床的主要结构

X62W 万能铣床主要由床身、主轴、刀杆、悬梁、工作台、回转盘、横溜板、升降台、底座等部分组成，请根据参观的结果将 X62W 万能铣床相应的结构填入图 4-15 中空白的地方。

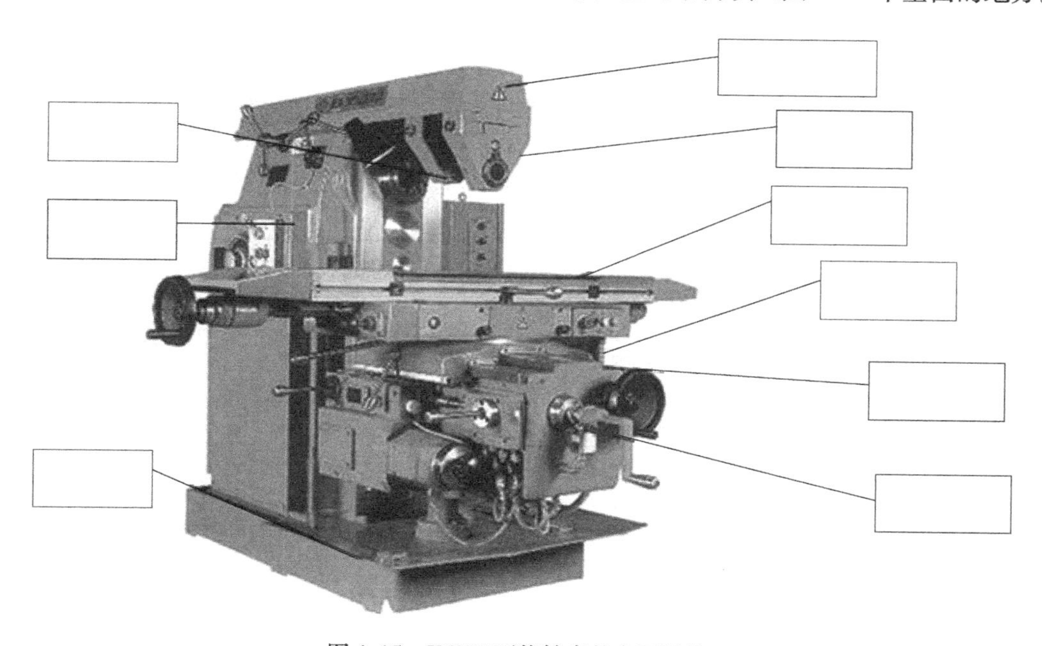

图 4-15　X62W 万能铣床的主要结构

3. X62W 万能铣床的剖析结构图（图 4-16）

4. 万能铣床的基本参数值（表 4-2）

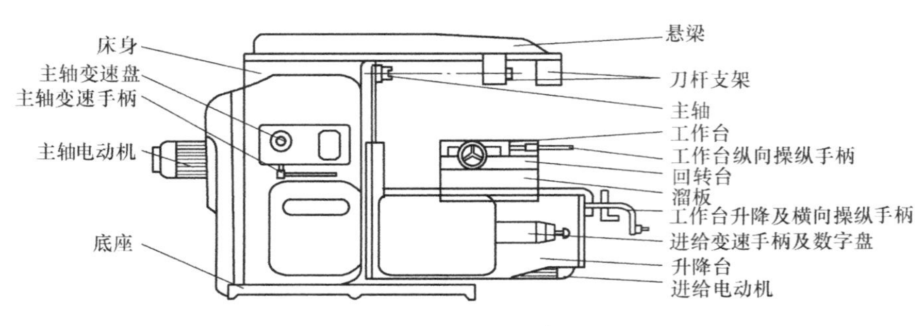

图 4-16 X62W 万能铣床结构图

表 4-2 万能铣床的基本参数值

参　　数	数　　值
工作台面积/mm	320×1325
工作台最大纵向行程（手动/机动）/mm	700/680
工作台最大横向行程（手动/机动）/mm	255/240
工作台最大垂直行程（手动/机动）/mm	320/300
工作台最大回转角度	±45
主轴中心线至工作台面距离/mm	30/350
主轴转速级数	18
铣床的主轴转速范围/rpm	30～1500
工作台进给量级数	18
主传动电机功率/kW	7.5
进给电机功率/kW	1.5
机床外形尺寸（长×宽×高）/mm	2294×1770×1610
机床重量（净重/毛量）/kg	2650×2950

想一想

从表 4-2 中可以知道万能铣床的哪些数值呢？

5. 铣床型号

你参观的铣床型号是什么？从该铣床型号中你能得到哪些信息？查阅资料，你还能列举出哪些型号？

小提示

铣床型号意义如下：

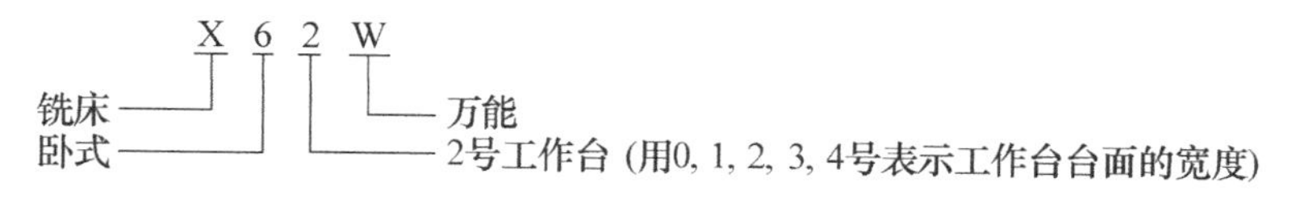

活动二　识读 X62W 万能铣床电气原理图

能力目标

1）了解万能铣床电气系统的结构。

2）清楚万能电器元件的功能。

3）掌握万能铣床各电动机控制的原理。

4）了解万能铣床照明辅助电路。

5）掌握万能铣床电气安全保护措施。

活动地点

普通机床学习工作站。

学习过程

一、观察电气原理图

观察 X62W 万能铣床电气原理图，如图 4-17 所示。

小提示

在教师的指导下，断电拆开铣床有关面盖，将所有电气线路显示出来。

二、回顾电器元件

1）列出你已知道的电器元件的名称、功能及检测方法，完成表 4-3。

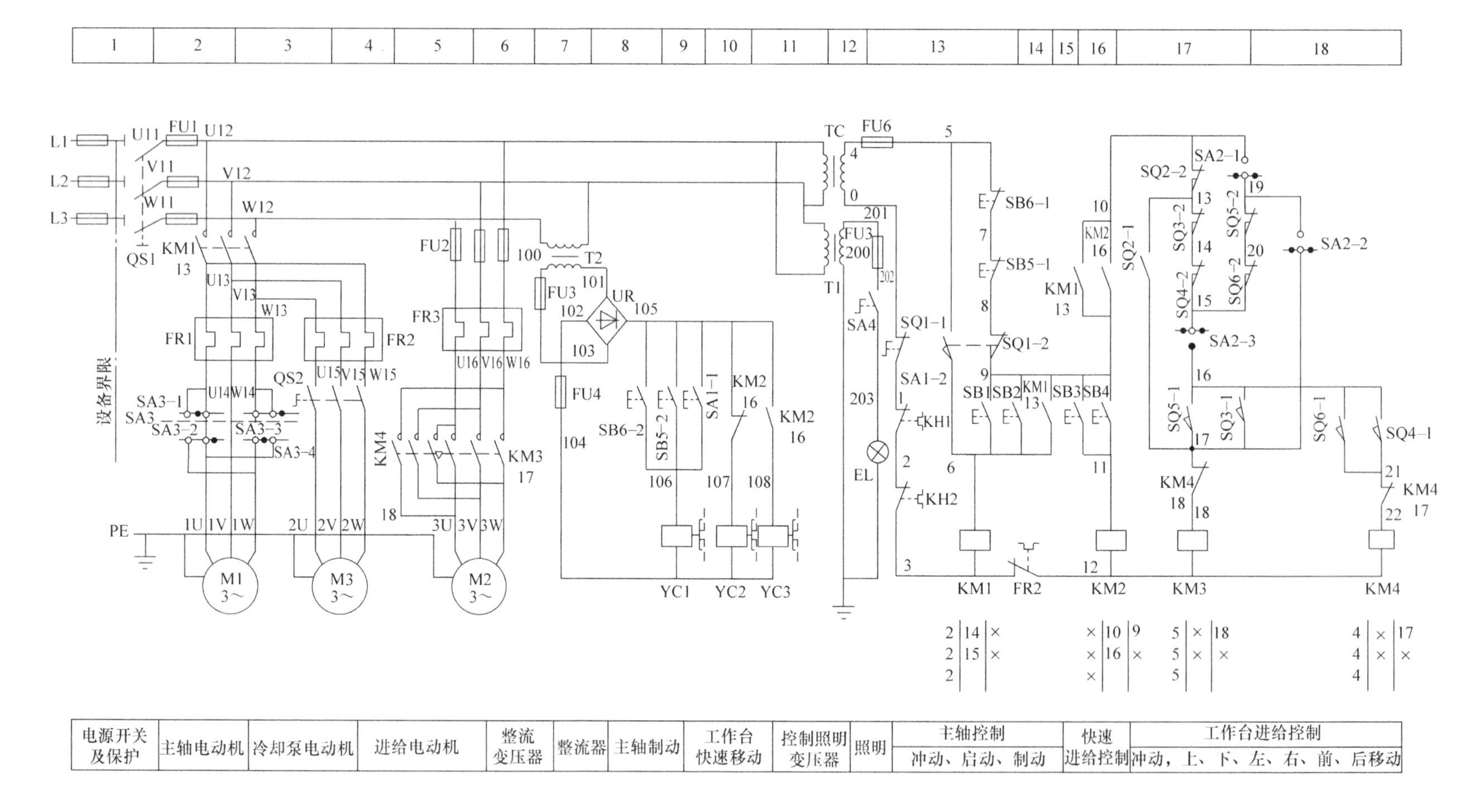

图4-17 X62W 万能铣床电气原理图

表 4-3　电器元件检测情况表

名称	符　　号	功　　能	检 测 方 法

2）通过观察，对照铣床电气安装位置索引图圈出你还不清楚的器件，并查阅书籍试完成表 4-4。

表 4-4　不清楚的元件测量方法记录表

名称	符　　号	功　　能	检 测 方 法

3）你还记得这些元器件吗？写出相应的名称和相应的图形符号，完成图 4-18。

名　　称 ________

文字符号 ________

图形符号 ________

名　　称 ________

文字符号 ________

图形符号 ________

名　　称 ________

文字符号 ________

图形符号 ________

名　　称 ________

文字符号 ________

图形符号 ________

图 4-18　元器件学习

名　　称 ____________

文字符号 ____________

图形符号 ____________

名　　称 ____________

文字符号 ____________

图形符号 ____________

名　　称 ____________

文字符号 ____________

图形符号 ____________

名　　称 ____________

文字符号 ____________

图形符号 ____________

名　　称 ____________

文字符号 ____________

图形符号 ____________

名　　称 ____________

文字符号 ____________

图形符号 ____________

图 4-18　元器件学习（续）

4）你知道 X62W 万能铣床中这些元件的功能与用途吗？完成表 4-5。

表 4-5　元件的功能与用途情况记录表

符号	名称及用途	符号	名称及用途
M1		SQ6	
M2		SQ7	
M3		SA1	
KM3		SA3	
KM2		SA4	
KM4 KM5		SA5	
KM6		QS	
KM1		SB1 SB2	
KS		SB3 SB4	
YA		SB5 SB6	
R		FR1	
SQ1		FR2	
SQ2		FR3	
SQ3		TC	
SQ4		FU1 —FU4	

三、X62W 万能铣床的运动形式和控制要求

根据观察完成下面的选择。

1）X62W 万能铣床的运动分________运动、________运动和________运动。

A. 主　　B. 变速　　C. 进给　　D. 辅助

2）X62W 万能铣床的主运动是________运动。

A. 主轴带动铣刀的旋转

B. 铣刀带动主轴的旋转

C. 主轴带动铣刀的垂直进给

3）铣削加工有顺铣和逆铣两种加工方式，所以要求主轴电动机________转。

A. 只需要正转　　B. 只需要反转　　C. 需要能正转也能反转

4）铣削加工是一种________的切削加工方式，为减小振动，主轴上装有惯性轮。

A. 定时动作　　B. 不连续的　　C. 连续的

5）主轴上装惯性轮后会造成主轴停车困难，为此，主轴电动机采用________以实现准确停车。

A. 合闸断电　　B. 急停按钮　　C. 电磁离合器制动

6）铣削加工中需要主轴调速，采用改变变速箱的齿轮传动比来实现，主轴电动机________调速。

A. 不需要　　B. 需要　　C. 怎样都行

7）进给运动是指工件随工作台在________方向上的运动，以及随圆形工作台的旋转运动。

A. 前后运动　　B. 左右运动　　C. 上下运动

8）铣床的工作台要有进给运动和快速移动，所以进给电动机________。

A. 只需要正转　　B. 只需要反转　　C. 需要能正转也能反转

9）为扩大加工能力，在工作台上可加装圆形工作台，圆形工作台的回转运动是由________经传动机构驱动的。

A. 主轴电动机　　B. 进给电动机　　C. 冷却泵电动机

10）为保证机床和刀具的安全，在铣削加工时，任何时刻工件都只能有一个方向的进给运动，因此采用了________和________相配合的方式实现六个运动方向的联锁。

A. 机械操作手柄　　B. 组合按钮　　C. 行程开关

11）为防止刀具和机床的损坏，要求只有________旋转后才允许________动；同时，为了减小加工件的表面粗糙度值，要求________停止后________才能停止或同时停止。

A. 主轴电动机　　B. 进给电动机　　C. 冷却泵电动机

12）进给变速采用机械方式实现，进给电动机________调速。

A. 不需要　　B. 需要　　C. 怎样都行

13）辅助运动包括________及________的变速冲动。

A. 冷却泵　　B. 工作台的快速运动　　C. 主轴和进给

14）工作台的快速运动是指工作台在________六个方向之一上的快速移动。

A. 前后运动　　B. 左右运动　　C. 上下运动

15）工作台的快速运动是通过快速移动________的吸合，改变机械传动链的传动比实

现的。

A. 漏电保护器　　B. 急停按钮　　C. 电磁离合器

16）为保证变速后齿轮能良好啮合，要求电动机做________，即变速冲动。

A. 连续运转　　B. 瞬时点动　　C. 定时运转

活动过程

一、X62W 万能铣床的电气控制线路分析

通过分析 X62W 万能铣床的电路图，可以知道它分为________、________和________三部分。

1. 主电路

主电路共有 3 台电动机，其控制和保护是怎样的呢？请完成表 4-6。

表 4-6　主电路的控制与保护电器

名称及代号	功能	控制电器	过载保护电器	短路保护电器
主轴电动机 M1		接触器 KM1 和组合开关 SA	热继电器 FR1	熔断器 FU1
进给电动机 M2		接触器 KM3 和 KM4	热继电器 FR3	熔断器 FU1
冷却泵电动机 M3		手动开关 QS2	热继电器 FR2	熔断器 FU1

2. 控制电路分析

控制电路的电源由控制变压器 TC 输出 110V 电压供电。

（1）主轴电动机 M1 的控制　为方便操作，主轴电动机 M1 采用两地控制方式，一组启动按钮 SB1 和停止按钮 SB5 安装在工作台上，另一组启动按钮 SB2 和停止按钮 SB6 安装在床身上。主轴电动机 M1 的控制包括启动控制、制动控制、换刀控制和变速冲动控制，请完成表 4-7。

表 4-7　主轴电动机 M1 的控制

控制要求	控制作用	控制过程
启动控制		选择主轴的转速和转向，按下启动按钮 SB1 或 SB2，接触器 KM1 得电吸合并自锁，M1 启动运转，同时 KM1 的辅助常开触点（9－10）闭合，为工作台进给电路提供电源
制动控制		按下停止按钮 SB5（或 SB6），其常闭触点 SB5－1 或 SB6－1（13 区）断开，接触器 KM1 线圈断电，KM1 的主触点分断，电动机 M1 断电作惯性运转；常开触点 SB5－2 或 SB6－2（8 区）闭合，电磁离合器 YC1 通电，M1 制动停转
换刀控制		将转换开关 SA1 扳向换刀位置，其常开触点 SA1－1（8 区）闭合，电磁离合器 YC1 得电将主轴制动；同时常闭触点 SA1－2（13 区）断开，切断控制电路，铣床不能通电运转，确保人身安全
变速冲动控制		变速时，先将变速手柄下压并向外拉出，转动变速盘选定所需转速后，将手柄推回。此时冲动开关 SQ1（13 区）短时受压，主轴电动机 M1 点动，手柄推回原位后，SQ1 复位，M1 断电，变速冲动结束

（2）进给电动机 M2 的控制　铣床的工作台要求有前后、左右和上下六个方向上的进给运动和快速移动，并且可在工作台上安装附件（圆形工作台），进行对圆弧或凸轮的铣削加工。这些运动都是由进给电动机 M2 拖动的。

工作台的前后和上下进给运动由一个手柄控制，左右进给运动由另一个手柄控制。手柄位置与工作台运动方向的关系是什么样的？请根据实际情况填写表 4-8 的空白处。

表 4-8　手柄的位置与工作台运动方向的关系

控制手柄	手柄位置	行程开关动作	接触器动作	电动机 M2 转向	传动链搭合丝杠	工作台方向
左右进给手柄	左	SQ5	KM3		左右进给丝杠	
	中	—	—		—	
	右	SQ6	KM4		左右进给丝杠	
上下和前后进给手柄	上	SQ4	KM4		上下进给丝杠	
	下	SQ3	KM3		上下进给丝杠	
	中	—	—		—	
	前	SQ3	KM3		前后进给丝杠	
	后	SQ4	KM4		前后进给丝杠	

小提示

下面以工作台的左右移动为例分析工作台的进给。左右进给操作手柄与行程开关 SQ5 和 SQ6 联动，有左、中、右三个位置，其控制关系见表 4-8。当手柄扳向中间位置时，行程开关 SQ5 和 SQ6 均未被压合，进给控制电路处于断开状态；当手柄扳向左（或右）位置时，如图 4-19 所示，手柄压下行程开关 SQ5（或 SQ6），同时将电动机的传动链和左右移动丝杠相连。控制过程如下：手柄压下行程开关 SQ5 或 SQ6，使常闭触点 SQ5－2 或 SQ6－2 分断，常开触点 SQ5－1 或 SQ6－1 闭合。

图 4-19　工作台的左右进给

接触器 KM3 或 KM4 得电动作，电动机 M2 正转或反转，机械机构将电动机 M2 的传动链与工作台下面的左右进给丝杠相搭合，使电动机 M2 拖动工作台向左或向右运动。当工作台向左或向右进给到极限位置时，手柄连杆碰撞挡铁使手柄自动复位到中间位置，行程开关 SQ5 或 SQ6 复位，工作台停止进给。

工作台的上下和前后进给由上下和前后进给手柄控制，如图 4-20 所示，其控制过程与左右进给相似，这里不再一一分析。

图 4-20 上下、前后进给手柄

通过以上分析可知，两个操作手柄被置于某一方向后，只能压下四个行程开关 SQ3、SQ4、SQ5、SQ6 中的一个开关，接通电动机 M2 正转或反转电路，同时通过机械机构将电动机的传动链与三根丝杠（左右丝杠、上下丝杠、前后丝杠）中的一根（只能是一根）丝杠相搭合，拖动工作台沿选定的进给方向运动，而不会沿其他方向运动。

左右进给与上下、前后进给的联锁控制装置在控制进给的两个手柄中，当其中的一个操作手柄被置于某一进给方向后，另一个操作手柄必须置于中间位置，否则将无法实现任何进给运动。这是因为控制电路对两者实行了联锁保护。当把左右进给手柄扳向左时，若又将另一个进给手柄扳到向下的进给方向，则行程开关 SQ5 和 SQ3 均被压下，触点 SQ5 - 2 和 SQ3 - 2 均分断，断开了接触器 KM3 和 KM4 的通路，电动机 M2 只能停转，保证了操作安全。

（3）进给变速时的瞬时点动　和主轴变速时一样，进给变速时，为使齿轮进入良好的啮合状态，也要进行变速后的瞬时点动。进给变速时，必须先把进给操纵手柄放在中间位置，然后将进给变速盘（在升降台前面）向外拉出，选择好速度后，再将变速盘推进去。

图 4-21 进给变速时的瞬时点动

如图 4-21 所示，在推进的过程中，挡块压下行程开关 SQ2，使触点 SQ2 - 2 分断，SQ2 - 1 闭合，接触器 KM3 经 10 - 19 - 20 - 15 - 14 - 13 - 17 - 18 路径得电动作，电动机 M2 启动。但随着变速盘复位，行程开关 SQ2 跟着复位，使 KM3 断电释放，M2 失电停转。这样可使电动机 M2 瞬时点动一下，齿轮系统产生一次抖动，齿轮便顺利啮合了。

（4）工作台的快速移动控制　快速移动是通过两个进给操作手柄和快速移动按钮 SB3

或 SB4 配合实现的。控制过程如下：

1）安装好工件后，选好进给方向，按下快速移动按钮 SB3 或 SB4。

2）接触器 KM2 得电。

3）KM2 常闭触点分断，电磁离合器 YC2 失电，将齿轮传动链与进给丝杠分离。

4）KM2 的两对常开触点闭合，一对使 YC3 得电，将 M2 与进给丝杠直接搭合，另一对使 KM3 或 KM4 得电动作，M2 得电正转或反转，带动工作台沿选定的方向快速移动。

5）KM2 的两对常开触点闭合，一对使电磁离合器 YC3 得电，将电动机 M2 与进给丝杠直接搭合，另一对使接触器 KM3 或 KM4 得电动作，电动机 M2 得电正转或反转，带动工作台沿选定的方向快速移动。

6）松开 SB3 或 SB4，快速移动停止。

（5）圆形工作台的控制　圆形工作台的工作由转换开关 SA2 控制。当需要圆形工作台旋转时，将开关 SA2 扳到接通位置，此时：

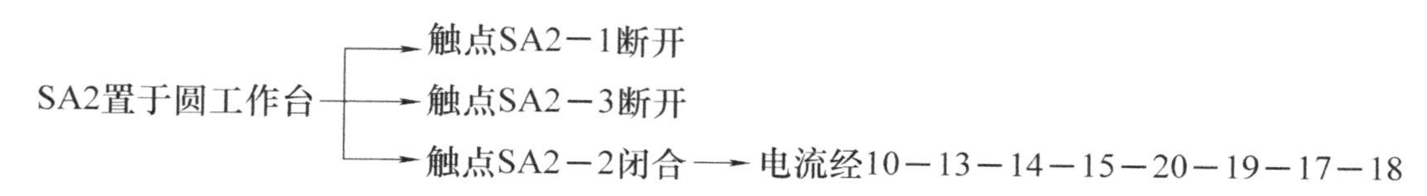

路径，使接触器KM3得电→电动机M2启动，通过一根专用轴带动圆形工作台作旋转运动

当不需要圆形工作台旋转时，将转换开关 SA2 扳到断开位置，这时触点 SA2－1 和 SA2－3闭合，触点 SA2－2 断开，工作台在六个方向上正常进给，圆形工作台不能工作。

圆形工作台开动时，其余进给一律不运动。两个进给手柄必须置于零位。若出现误操作，扳动两个进给手柄中的任意一个，则必然压合行程开关 SQ3～SQ6 中的一个，使电动机停止转动。圆形工作台加工不需要调速，也不要求正反转。

3. 冷却泵及照明电路的控制

1）冷却泵电动机是________。

A. M1　　B. M2　　C. M3　　D. M4

2）主轴电动机是________。

A. M1　　B. M2　　C. M3　　D. M4

3）主轴电动机和冷却泵电动机采用的是________。

A. 随意控制　　B. 顺序控制　　C. 逆序控制

4）冷却泵电动机由组合开关________控制。

A. QS1　　B. QS2　　C. QS3　　D. QS4

5）机床照明由变压器 T1 供给________的安全电压。

A. 12V　　B. 24V　　C. 36V　　D. 48V

6）机床照明由开关________控制。

A. SA1　　B. SA2　　C. SA3　　D. SA4

7）熔断器________作照明电路的短路保护。

A. FU1　　B. FU3　　C. FU4　　D. FU5

8）照明灯是________。

A. R　　B. C　　C. EL　　D. VC

二、X62W 万能铣床电器元件明细表

请根据实际情况将各个元器件的用途填写在表 4-9 中。

表 4-9　X62W 万能铣床电器元件明细表

代号	名称	型号	规格	数量	用途
M1	主轴电动机	Y132M-4-B3	7.5kW　380V　1450r/min	1	
M2	进给电动机	Y90L-4	1.5kW　380V　1400r/min	1	
M3	冷却泵电动机	JCB-22	125W　380V　2790r/min	1	
QS1	开关	HZ10-60/3J	60A　380V	1	
QS2	开关	HZ10-10/3J	10A　380V	1	
SA1	开关	LS2-3A		1	
SA2	开关	HZ10-10/3J	10A　380V	1	
SA3	开关	HZ3-133	10A　500V		
FU1	熔断器	RL1-60	60A　熔体 50A	3	
FU2	熔断器	RL1-15	15A　熔体 10A	3	
FU3、FU6	熔断器	RL1-15	15A　熔体 4A	2	
FU4、FU5	熔断器	RL1-15	15A　熔体 2A	2	
FR1	热继电器	JR0-40	整定电流 16A	1	
FR2	热继电器	JR10-10	整定电流 0.43A	1	
FR3	热继电器	JR10-10	整定电流 3.4A	1	
T2	变压器	BK-100	380/36V	1	
TC	变压器	BK-150	380/110V	1	
T1	照明变压器	BK-50	50VA　380/24V	1	
VC	整流器	2CZ×4	5A　50V	1	
KM1	接触器	CJ10-20	20A　线圈电压 110V	1	
KM2	接触器	CJ10-10	10A　线圈电压 110V	1	
KM3	接触器	CJ10-10	10A　线圈电压 110V	1	
KM4	接触器	CJ10-10	10A　线圈电压 110V	1	
SB1、SB2	按钮	LA2	绿色	2	
SB3、SB4	按钮	LA2	黑色	2	
SB5、SB6	按钮	LA2	红色	2	
YC1	电磁离合器	B1DL-Ⅲ		1	
YC2	电磁离合器	B1DL-Ⅱ		1	
YC3	电磁离合器	B1DL-Ⅱ		1	
SQ1	行程开关	LX3-11K	开启式	1	
SQ2	行程开关	LX3-11K	开启式	1	
SQ3	行程开关	LX3-131	单轮自动复位	1	
SQ4	行程开关	LX3-131	单轮自动复位	1	
SQ5	行程开关	LX3-11K	开启式	1	
SQ6	行程开关	LX3-11K	开启式	1	

三、绘制布置图

请绘制 X62W 万能铣床的电器布置图。

活动三　撰写 X62W 万能铣床电气控制线路的安装与调试方案

能力目标

1）掌握万能铣床电气系统的安装步骤及注意事项。

2）正确选择低压配电器。

3）掌握电工工具的使用技巧。

4）编写铣床的安装与检测方案。

活动地点

普通机床学习工作站。

学习过程

你要掌握以下资讯与决策，才能顺利完成任务

一、学习与工作准备

电工常用工具：剥线钳、压线钳、螺钉旋具、电钻等。

仪器仪表：兆欧表、万用表、钳形电流表等。

耗材器材：导线、线槽、护套管、胶带、金属软管、编码套管等。

图样类：电气原理图、元件布置图、接线图。

电工安全操作规程、电工手册、劳保用品。

设备元件：三相交流电源、三相异步电动机、元器件。

二、列出所需的电气元器件及工具（表4-10）

表4-10 元器件及工具清单

代号	名称	型号规格	数量	用途

小提示

X62W万能铣床电气部分安装配线的步骤如下：

1）按照表4-10从仓管车间（材料区）领取电气耗材器材，配齐所用电器元件，并检验元件的质量及性能。

2）根据电气原理图，画出电器元件布置图，并针对电气原理图按照配线工艺分解出接线图。

3）在电气控制柜背板上按接线布置图要求测绘划线，安装走线槽，挂上所有元器件，并按照要求把已做好的符号标牌贴到对应的实物上。安装线槽时，应按照测绘要求做到横平竖直、排列整齐匀称、间距合理、安装牢固以便于走线维护等。

4）在控制柜内控制背板上按接线图进行板前线槽布线，并在导线两端部套编码管和接线端子，保证运行可靠、检修方便。

5）在控制柜外面板进行开孔，安装增添按钮开关及信号灯，并进行外面板内布线。

6）柜内背板元件与柜内面板之间通过端子排及软伸缩管进行连接。

7）钻床机身元器件、电动机与电气控制柜之间通过金属软管进行对接。

8）可靠连接控制柜、电动机和电器元件金属外壳的保护地线。

9）自检、互检。

活动过程

一、制定实施方案

阅读安装配线步骤，结合教师的讲解，制定本组的实施方案，完成表 4-11。

表 4-11　叙述 X62W 万能铣床电气部分安装配线的步骤

步骤	工序内容	注意事项

二、绘制接线图

1）绘制主线路接线图。

2）绘制控制线路接线图。

三、制定工作计划（表 4-12）

表 4-12　X62W 万能铣床电气控制线路的安装与调试工作计划

人员分工	1. 小组负责人：________ 2. 小组成员及分工	
	姓名	分工

工具及材料清单	序号	工具或材料名称	单位	数量	备注

工序及工期安排	序号	工作内容	完成时间	备注

安全防护措施	

活动评价

1）以小组为单位，展示制定完成“X62W 万能铣床电气控制线路的安装与调试工作计划”并列举完成工作任务所需的工具及材料清单，完成表 4-13。

表 4-13　评价表

组别	展示人	评价内容			综合表现排名
		工作计划质量	工具及材料清单	展示人表现	

参评人________________

2）教师根据各组展示分别作有的放矢的评价。

① 找出各组的优点点评。

② 针对展示过程中各组的缺点点评，指出改进方法。

③ 分析整个活动完成中出现的亮点和不足。

活动四　完成 X62W 万能铣床电气控制线路的安装与调试

能力目标

1）能按图样、工艺要求、安全规范和设备要求，安装元器件并接线。

2）能用仪表检查电路安装的正确性并通电试车。

3）施工完毕能清理现场，能填写工作记录并交付验收。

活动地点

普通机床学习工作站。

学习过程

1）按照材料清单领取元器件，检测各元器件的质量。

2）做好现场准备工作。

活动过程

安装元器件及槽板等附件，按电气原理图接线，自检、互检，通电试车，清理施工场地，交付验收。

一、安装元器件和布线

本任务中，元器件安装工艺、步骤、方法及要求与前面任务基本相同。对照前面任务中电气设备控制线路的安装步骤和工艺要求，完成安装任务。

1）控制线路的连接（从上到下、从左到右），将配线过程记录在表4-14中。

表4-14 过程记录表

线路部位	遇到的配线问题	解决方法
电源引入线路		
照明线路		
接触器 KM1 线路		
接触器 KM2 线路		
接触器 KM3 线路		
接触器 KM4 线路		
接触器 KM5 线路		
电磁阀 YA1 线路		

2）完成主电路的连接（从上到下、从左到右），并完成表4-15。

表4-15 情况记录表

线路部位	遇到的配线问题	解决方法
电源引入线路		
M1 线路		
M2 线路		
M3 线路		
M4 线路		

3）写出你采用的元件安装方法（轨道安装、直接安装等）及敷线的方式。

4）安装过程中遇到了哪些问题？你是如何解决的？在表4-16中记录下来。

表4-16 情况记录表

所遇问题	解决方法

二、安装完毕后进行自检和互检

1）电路安装完毕，在断电情况下，用仪表、手动操作检测机床线路是否正确，控制功能是否达到要求。请根据实际情况完成表4-17。

表 4-17　情况记录表

序号	测试内容	自检情况记录	互检情况记录
1	用兆欧表对电动机 M1 – M4 进行绝缘测试		
2	用万用表对 110V 控制电路进行断电测试		
3	用万用表对 24V 控制电路进行断电测试		

2）仪表检查记录（表 4-18）

表 4-18　仪表检查记录

机床绝缘电阻				
线路单元	是否正常	故障现象	确定故障点	排除方法
电源引入				
冷却泵电动机主电路				
主轴电动机主电路				
进给电动机主电路				
照明及指示灯线路				
接触器 KM1 线路				
接触器 KM2 线路				
接触器 KM3 线路				
接触器 KM4 线路				

3）自检、互检及整改（表 4-19）

表 4-19　自检、互检及整改记录表

项目	小组自检		小组互检		整改措施
	合格	不合格	合格	不合格	
电器元件选择的正确性					
导线选用、穿线管选用的正确性					
各器件、接线端子固定的牢固性					
是否按规定套编码套管					
控制箱内外元件安装是否符合要求					
有无损坏电器元件					
导线通道敷设是否符合要求					
导线敷设是否按照电路图					
有无接地线					
主开关是否安全妥当					
各限位开关安装是否合适					
工艺美观性如何					
继电器整定值是否合适					
各熔断器熔体是否符合要求					
操作面板所有按键、开关、指示灯接线是否正确					
电源相序是否正确					
电动机及线路的绝缘电阻是否符合要求					
有无清理安装现场					
控制电路的工作情况如何					
点动各电动机转向是否符合要求					
指示信号和照明灯是否完好					
工具、仪表的使用是否符合要求					
是否严格遵守安全操作规程					

小提示

X62W 万能铣床主电路、控制电路和照明电路的常见故障、检修方法与之前学过的车床相似。现将特殊故障作如下分析。

1）主轴电动机 M1 不能启动的检修步骤如图 4-22 所示。

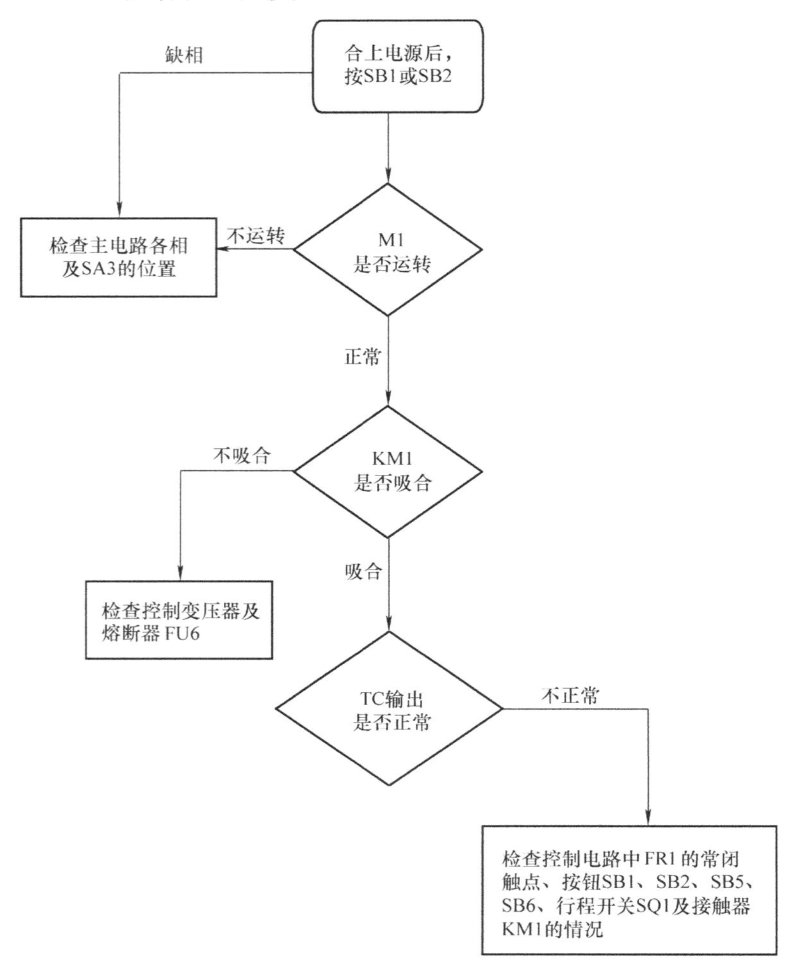

图 4-22 主轴电动机 M1 不能启动的检修步骤

2）铣床电气控制线路与机械系统的配合十分密切，其电气线路的正常工作往往与机械系统的正常工作是分不开的，这就是铣床电气控制线路的特点。正确判断是电气还是机械故障和熟悉机电部分配合情况，是迅速排除电气故障的关键。这就要求操作者不仅要熟悉电气控制线路的工作原理，而且还要熟悉有关机械系统的工作原理及机床操作方法。常见的几种情况如下：

① 主轴停车时无制动。

② 主轴停车后产生短时反向旋转。

③ 按下停止按钮后主轴电动机不停转。

④ 工作台不能作向下进给运动。

⑤ 工作台不能作纵向进给运动。

⑥ 工作台各个方向都不能进给。

⑦ 工作台不能快速进给。

应该说明，机床电气系统的故障不是千篇一律的，所以在维修过程中，不可生搬硬套，而应该采用理论与实践相结合的灵活处理方法。

3）X62W 万能铣床电气控制线路的常见故障及检修方法见表 4-20。

表 4-20　X62W 万能铣床电气控制线路的常见故障及检修方法

故障现象	可能的原因	检 修 方 法
工作台各个方向都不能进给	进给电动机不能启动	首先检查圆形工作台的控制开关 SA2 是否在“断开”位置。若没问题，接着检查 KM1 是否已吸合动作。如果 KM1 不能得电，则表明控制回路电源有故障，可检测控制变压器 TC 是否正常，熔断器是否熔断。待电压正常，KM1 吸合，主轴旋转后，若各个方向仍无进给运动，可扳动进给手柄至各个运动方向，观察其相关的接触器是否吸合，若吸合，则表明故障发生在主回路和进给电动机上，常见的故障有接触器主触点接触不良、主触点脱落、机械卡死、电动机接线脱落和电动机绕组断路等。除此以外，行程开关 SQ2、SQ3、SQ4、SQ5、SQ6 出现故障，触点不能闭合接通，或接触不良，也会使工作台没有进给
工作台能向左、右进给，不能向前、后、上、下进给	行程开关 SQ5 或 SQ6 由于经常被压合，使螺钉松动、开关移位、触点接触不良、开关机构卡住等，使线路断开或开关不能复位闭合，电路 19－20 或 15－20 断开	检修故障时，用万用表欧姆档测量 SQ5－2 或 SQ6－2 的接触导通情况，查找故障部位，修理或更换元件，就可排除故障。注意在测量 SQ5－2 或 SQ6－2 的接通情况时，应操纵前后、上下进给手柄，使 SQ3－2 或 SQ4－2 断开，否则通过 11－10－13－14－15－20－19 的导通，会误认为 SQ5－2 或 SQ6－2 接触良好
工作台能向前、后、上、下进给，不能向左、右进给	行程开关 SQ3、SQ4 出现故障	参照上例检查行程开关的常闭触点 SQ3－2、SQ4－2
工作台不能快速移动，主轴制动失灵	电磁离合器工作不正常	首先应检查接线有无松脱，整流变压器 T2、熔断器 FU3、FU6 的工作是否正常，整流器中的四个整流二极管是否损坏，电磁离合器线圈是否正常，离合器的动摩擦片和静摩擦片是否完好
变速时不能冲动控制	冲动行程开关 SQ1 或 SQ2 经常受到频繁冲击而不能正常工作	修理或更换行程开关，并调整好行程开关的动作距离，即可恢复冲动控制

4）请根据故障现象推断出可能的原因，完成表4-21。

表4-21 故障情况记录表

故障现象	可能的原因	检修方法
主轴停车时无制动		主轴无制动时，要首先检查按下停止按钮SB1或SB2后，反接制动接触器KM2是否吸合，若KM2不吸合，则故障原因一定在控制电路部分。检查时可先操作主轴变速冲动手柄，若有冲动，故障范围就缩小到速度继电器和按钮支路上。若KM2吸合，则故障原因就较复杂，其故障原因之一是主电路的KM2、R制动支路中，至少有缺相的故障存在；其二是速度继电器的常开触点过早断开。但在检查时，只要仔细观察故障现象，这两种故障原因是能够区别的，前者的故障现象是完全没有制动作用，而后者则是制动效果不明显
主轴停车后产生短时反向旋转		这一故障一般是由于速度继电器KS动触点弹簧调整得过松，使触点分断过迟引起的，只要重新调整反力弹簧便可消除
按下停止按钮后主轴电动机不停转		如按下停止按钮后，KM1不释放，则故障可断定是由熔焊引起；如按下停止按钮后，接触器的动作顺序正确，即KM1能释放，KM2能吸合，同时伴有嗡嗡声或转速过低，则可断定是制动时主电路有缺相故障存在；若制动时接触器动作顺序正确，电动机也能进行反接制动，但放开停止按钮后，电动机又再次自启动，则可断定故障是由启动按钮绝缘击穿引起的
工作台各个方向都不能进给		可先进行进给变速冲动或圆形工作台控制，如果正常，则故障可能在开关SA3-1及引接线17、18上，若进给变速也不能工作，要注意接触器KM3是否吸合，如果KM3不能吸合，则故障可能发生在控制电路的电源部分，即11-15-16-18-20线路及0线上，若KM3能吸合，则应着重检查主电路
工作台不能快速进给		如果按下SB5或SB6后接触器KM5不吸合，则故障在控制电路部分，若KM5能吸合，且牵引电磁铁YA也吸合正常，则故障大多是由于杠杆卡死或离合器摩擦片间隙调整不当引起的，应与机修钳工配合进行修理

三、通电试车

断电检查无误后，经教师同意，通电试车，观察电动机的运行状态，测量相关技术参数，若存在故障，应及时处理。电动机运行正常无误，交付验收人员检查。通电试车过程中，若出现异常现象，应立即停车，按照前面任务中所学的方法步骤进行检修。小组间相互交流一下，将各自遇到的故障现象、故障原因和处理方法记录下来。

1）试车前检查并记录，完成表4-22。

表4-22 检查记录表

故障现象	故障原因	检修思路

2）测试完毕，在通电情况下进行自检和互检，根据测试内容，填写表 4-23。

表 4-23　情况记录表

测试内容	能否启动	能否停止	调试结果（合格或不合格）		记录故障现象	记录检修部位
			自检	互检		
冷却泵电动机						
主轴电动机						
进给控制						
制动控制						
换刀控制						
变速冲动控制						

四、项目验收

1）在验收阶段，各小组派出代表进行交叉验收，并填写详细验收记录。完成表 4-24。

表 4-24　验收过程问题记录表

验收问题记录	整改措施	完成时间	备注

2）以小组为单位认真填写 X62W 万能铣床电气控制线路安装与调试任务验收报告，完成表 4-25。

表 4-25　X62W 万能铣床电气控制线路安装与调试任务验收报告

工程项目名称				
建设单位			联系人	
地址			电话	
施工单位			联系人	
地址			电话	
项目负责人			施工周期	
工程概况				
现存问题			完成时间	
改进措施				
验收结果	主观评价	客观测试	施工质量	材料移交

活动评价

以小组为单位，展示本组安装成果。根据表4-26所列评分标准进行评分。

表4-26 评分表

<table>
<tr><td colspan="2" rowspan="2">评价内容</td><td rowspan="2">分值</td><td colspan="3">评分</td></tr>
<tr><td>自我评价</td><td>小组评价</td><td>教师评价</td></tr>
<tr><td rowspan="2">元器件的定位安装</td><td>安装方法、步骤正确，符合工艺要求</td><td rowspan="2">20</td><td rowspan="2"></td><td rowspan="2"></td><td rowspan="2"></td></tr>
<tr><td>元器件安装美观、整洁</td></tr>
<tr><td rowspan="6">布线</td><td>按电路图正确接线</td><td rowspan="6">40</td><td rowspan="6"></td><td rowspan="6"></td><td rowspan="6"></td></tr>
<tr><td>布线方法、步骤正确，符合工艺要求</td></tr>
<tr><td>布线横平竖直，整洁有序，接线紧固美观</td></tr>
<tr><td>电源和电动机按钮正确接到端子排上，并准确注明引出端子号</td></tr>
<tr><td>接点牢固、接头露铜长度适中，无反圈、压绝缘层、标记号不清楚、遗漏或误标等问题</td></tr>
<tr><td>施工中导线绝缘层或线芯无损伤</td></tr>
<tr><td rowspan="2">通电试车</td><td>设备正常运转无故障</td><td rowspan="2">30</td><td rowspan="2"></td><td rowspan="2"></td><td rowspan="2"></td></tr>
<tr><td>出现故障正确排除</td></tr>
<tr><td rowspan="2">安全文明生产</td><td>遵守安全文明生产规程</td><td rowspan="2">10</td><td rowspan="2"></td><td rowspan="2"></td><td rowspan="2"></td></tr>
<tr><td>施工完成后认真清理现场</td></tr>
<tr><td colspan="3">施工额定用时180min　实际用时________　超时扣分________</td><td></td><td></td><td></td></tr>
<tr><td colspan="3">合计</td><td></td><td></td><td></td></tr>
</table>

活动五　总结、评价与反馈

能力目标

1）通过对X62W万能铣床学习与工作过程的回顾，学会客观评价、撰写总结。

2）通过自评、互评、教师评价，能够学会沟通，体会到自己长处与不足，建立自信。

3）通过小组交流学习，展示成果。

活动地点

普通机床学习工作站。

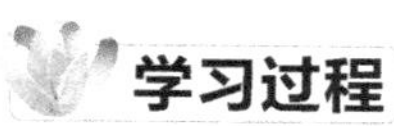

学习过程

一、写下工作总结

二、制作小组总结汇报展

以小组为单位，选择演示文稿、展板、海报、录像等形式中的一种或几种，制作总结汇报展。

三、展示

展示总结汇报展，分享学习成果，并完成评价表（表 4-27）。

表 4-27　评价表

评价	各组选出优秀成员在全班讲解你组最优秀的总结 小组互评、教师点评	小组名次

活动过程

一、完成评价表（表 4-28）

表 4-28　评价表

评价项目	评价内容	评价标准	评价方式		
			自我评价	小组评价	教师评价
职业素养	安全意识、责任意识	A. 作风严谨、自觉遵章守纪、出色地完成工作任务 B. 能够遵守规章制度、较好地完成工作任务 C. 遵守规章制度、没完成工作任务或完成工作任务、但忽视规章制度 D. 不遵守规章制度、没完成工作任务			

（续）

评价项目	评价内容	评价标准	评价方式		
			自我评价	小组评价	教师评价
职业素养	学习态度主动	A. 积极参与教学活动，全勤 B. 缺勤达本任务总学时的10% C. 缺勤达本任务总学时的20% D. 缺勤达本任务总学时的30%			
	团队合作意识	A. 与同学协作融洽、团队合作意识强 B. 与同学能沟通、协同工作能力较强 C. 与同学能沟通、协同工作能力一般 D. 与同学沟通困难、协同工作能力较差			
专业能力	学习活动1 明确工作任务	A. 按时、完整地完成工作页，问题回答正确，图样绘制准确 B. 按时、完整地完成工作页，问题回答基本正确，图样绘制基本准确 C. 未能按时完成工作页，或内容遗漏、错误较多 D. 未完成工作页			
	学习活动2 施工前的准备	A. 学习活动评价成绩为90～100分 B. 学习活动评价成绩为75～89分 C. 学习活动评价成绩为60～74分 D. 学习活动评价成绩为0～59分			
	学习活动3 现场施工	A. 学习活动评价成绩为90～100分 B. 学习活动评价成绩为75～89分 C. 学习活动评价成绩为60～74分 D. 学习活动评价成绩为0～59分			
创新能力		学习过程中提出具有创新性、可行性的建议	加分奖励		
班级			学号		
姓名			综合评价等级		
指导教师			日期		

二、请完成以下的调查问卷

教学内容　　容易理解□　　不易理解□

理由/说明：________________

教学目标　　容易理解□　　不易理解□

理由/说明：________________

对解决专业问题的指导　　容易理解□　　不易理解□

理由/说明：________________

参考文献

[1] 阮友德. 电气控制与PLC [M]. 北京：人民邮电出版社，2010.
[2] 劳动和社会保障部教材办公室. 电力拖动控制线路与技能训练 [M]. 北京：中国劳动社会保障出版社，2011.
[3] 张敏. 照明线路的安装与检修 [M]. 北京：中国劳动社会保障出版社，2011.